BIM 技术系列岗位人才培养项目辅导教材

BIM 应用协同平台
——iTWO 4.0 从入门到精通

人力资源和社会保障部职业技能鉴定中心
北京绿色建筑产业联盟　组织编写

张忠良　　　　总顾问
王晓刚　　　　主　编
张　丽　陈　翔　副主编

中国建筑工业出版社

图书在版编目（CIP）数据

BIM 应用协同平台：iTWO 4.0 从入门到精通/王晓刚主编 . —北京：中国建筑工业出版社，2018.12

BIM 技术系列岗位人才培养项目辅导教材

ISBN 978-7-112-22838-6

Ⅰ . ①B… Ⅱ . ①王… Ⅲ . ①建筑结构-计算机辅助设计-应用软件

Ⅳ . ①TU311.41

中国版本图书馆 CIP 数据核字（2018）第 240084 号

本书以国内最早一批应用 iTWO 4.0 平台的用户——中铁工程设计咨询集团有限公司以 iTWO 4.0 平台实际项目应用经验为基础，解析 iTWO 4.0 平台逻辑运行架构，详细讲解 iTWO 4.0 平台在工程虚拟建造阶段、施工阶段的模块应用及未来的发展趋势与方向。希望通过本书，让我们的读者能够更好地了解 iTWO 4.0 平台在项目中的应用流程与方法，做好企业的 BIM 战略部署和选择，将 BIM 技术作为企业信息化的抓手，推动企业升级。

责任编辑：毕凤鸣　封　毅
责任校对：王　瑞

BIM 技术系列岗位人才培养项目辅导教材
BIM 应用协同平台
——iTWO 4.0 从入门到精通
人力资源和社会保障部职业技能鉴定中心
北 京 绿 色 建 筑 产 业 联 盟　组织编写

张忠良　　　　总顾问
王晓刚　　　　主　编
张　丽　陈　翔　副主编

*

中国建筑工业出版社出版、发行（北京海淀三里河路 9 号）
各地新华书店、建筑书店经销
北京红光制版公司制版
北京建筑工业印刷厂印刷

*

开本：787×1092 毫米　1/16　印张：17　字数：420 千字
2019 年 5 月第一版　　2019 年 5 月第一次印刷
定价：**60.00** 元
ISBN 978-7-112-22838-6
（32960）

《BIM 应用协同平台——iTWO 4.0 从入门到精通》
编写人员名单

总顾问：张忠良
主　编：王晓刚
副主编：张　丽　陈　翔

专家组（排名不分先后）：

中国铁路济南局集团有限公司：栾光日　刘永利　闫立忠　张　铭
　　　　　　　　　　　　　　　单云波　张秀泉　杨怀义　颜士亮
　　　　　　　　　　　　　　　庞希海

济青高速铁路有限公司：姜长兴　刘杰尼　周宪东　杨书生　刘江川
鲁南高速铁路有限公司：王基全　孙韶峰　杨俊泉　冯贵莹　田月峰
京津冀城际铁路投资有限公司：吴广盛
中铁工程设计咨询集团有限公司：王　磊　韩雪莹
万 达 商 业 规 划 研 究 院：李雄毅　刘东阳
广州爱益倍建筑软件有限公司：岑健兰　梁奕琨
北京鸿业同行科技有限公司：王晓军　杨永生
清华大学：高　歌　顾　明
石家庄铁道大学：张志国　吕希奎

编委组（排名不分先后）：

中国铁路济南局集团有限公司：　陈文捷　李元龙
济青高速铁路有限公司：李志刚　刘　杰　高世超　董彦习　张　帅
鲁南高速铁路有限公司：张海凤　孙召伍　姜　贺　谷存雷
石港城际铁路有限责任公司：王　雨　周松林
中铁工程设计咨询集团有限公司：焦鑫鹏　李娅冉　刘　昭　王兴鲁
　　　　　　　　　　　　　　　　吴　洋
中建八局第一建设有限公司：于　科　李　蕾　王天嘉
广州爱益倍建筑软件有限公司：廖德熙　郦景豪　刘　阳
天盛环球（北京）科技发展有限公司：李天阳　胡林策　许　磊
　　　　　　　　　　　　　　　　　元晓皓
北京鸿业同行科技有限公司：张宏南

序

建筑与地产行业是全球最大的经济体之一，也是数字化进程最缓慢的行业之一，行业市场潜力巨大，生产力却在过去三十年以来发展缓慢。但得益于21世纪以来各领域科技的迅猛发展及行业巨头的积极推进，全球建筑行业的信息化即将大踏步迎头赶上。中国的建筑数字化也已欣然而至，已有比如中铁工程设计咨询集团有限公司这样的创新者愿意拥抱数字化变革，突破信息化壁垒，推动数字化进程发展。

中国有世界上最大的建筑市场，在全球建筑市场里有着举足轻重的地位。中铁工程设计咨询集团有限公司是中国建筑和地产行业工程勘测和设计领域的佼佼者，坚持以"铁路工程"为主业，以"BIM＋云技术"为引擎，以"铁路BIM标准"为依据，以"落地于项目管理"为思路，并通过iTWO 4.0平台技术的实施在铁路工程项目的施工进度、成本和工期等方面取得了巨大成就。

而作为全球领先的建筑与地产行业企业级解决方案供应商，德国RIB集团扎根中国，服务中国市场已十年有余。RIB集团匠心独创的iTWO 4.0是世界首款基于云的5D BIM企业级平台，整合BIM技术建筑全流程，融合行业最先进的云技术、大数据、虚拟建造、供应链管理和人工智能等新兴技术，致力于将建筑行业的生产力提高30％，促进行业数字化变革。

数字化转型需要新技术，新思维和新工作模式，更需要技术领先的软件企业、政府部门、行业巨头、教育机构甚至传媒群体的鼎力协作，方能实现多边共赢。数字化变革绝非易事，软件领导企业需持续提供和开发具有领先技术的软件平台；政府机构应规范相应的法律法规及配套设施以适应新技术的实施和推广；行业巨头要率先创新实践，充分发挥领头羊的作用；教育机构须培养充足的新一代人才以满足市场需求；而线上线下的媒体盟友也需要在社会上宣传推广新技术，共同促进行业变革。为促进数字化转型进程，RIB集团为全球行业远见者、合作伙伴、建筑公司、政府和高等院校搭建了iTWO联盟网络，中铁工程设计咨询集团有限公司也于2015年加入联盟，与RIB齐肩并进，共同开启数字化和工业化转型之旅。

实践出真知，《BIM应用协同平台——iTWO 4.0从入门到精通》是中铁工程设计咨询集团有限公司基于其iTWO 4.0项目为案例编制的运用指南，从自身实践经验出发，全方位系统而深入地对iTWO 4.0的应用进行了详细剖析，展现了实现数字化变革和行业转型的实力和美好愿景。

RIB集团愿与中铁工程设计咨询集团有限公司和国内其他致力于行业数字化，工业化变革的远见者们倾力合作，同时RIB集团也将继续加大对中国市场的研究，不断研发和完善先进技术，推出更加智能化、便捷化、贴合中国行业实际的解决方案，共同推动中国建筑与地产行业数字化转型！

　　齐肩并进，共创未来！

Tom Wolf

RIB 集团董事长兼 CEO

2018 年 8 月 18 日

Preface

The construction and real estate industry is one of the world's largest economies yet one of the slowest industries in digital transformation. The industry has huge market digitalization potential but its productivity in this regard has been slow to say the least. However, thanks to the rapid development of technologies and industry giants in various fields since the dawn of the 21st century, the digitalization of the global construction industry is about to catch up with other more technologically advanced fields. The digitalization of construction in China has also started. Innovators like China Railway Engineering Consulting Group Co., Ltd. are embracing digital transformation, breaking through information barriers and promoting the development of digitalization.

China is the biggest construction market in the world and plays a vital role in the global building market. China Railway Engineering Consulting Group Co., Ltd. is a leader in engineering, surveying, and designing in China's construction and real estate industry. With "railway engineering" as its main business, "BIM + cloud technology" as its engine, "railway BIM standard" as its basis, and "project management implementation" as its guide line, and through the implementation of iTWO 4.0 platform technology, great achievements have been made in the construction progress, both in terms of cost and completion times of railway projects.

As the world's leading provider of enterprise-level solutions for the construction and real estate industry, RIB Group has taken root in China and has served the Chinese market for over 10 years. RIB Group's flagship solution iTWO 4.0 is the world's first cloud-based 5D BIM enterprise platform integrating BIM technology to the entire building process. It integrates the industry's cutting-edge technologies such as cloud, big data, virtual construction, supply chain management and artificial intelligence into one platform. It's committed to increasing the productivity of the construction industry by up to 30% and accelerating the digital transformation of the industry.

Digital transformation requires new technology, new thinking and new working methods. It also requires the cooperation from leading software companies, governments, industry giants, institutions and even media to achieve a multilateral win-win situation. Digital transformation is no easy task. Leading software enterprises need to develop software platforms with leading technologies. Government organizations should standardize corresponding laws and regulations to facilitate the implementation and promotion of new technologies; industry giants should take the lead in innovation and practices and play a leading role; institutions need to cultivate next generations to meet the market demand; and online and offline media also need to promote new technologies in the community to jointly accelerate industry changes. In order to promote the digital transformation process, RIB Group has established the iTWO Community network for global industry visionaries, partners, construction companies, governments and universities. China Railway Engineering Consulting Group Co., Ltd. joined the Community in 2015, running together with RIB to start the journey of digital and industrial transformation.

"Collaboration Platform For BIM Application—Mastering iTWO 4.0" is the application guide of China Railway Engineering Consulting Group Co., Ltd. based on its iTWO 4.0 project. Based on its own practical experience, it is a comprehensive and in-depth study of iTWO 4.0. The application was analyzed in detail to demonstrate the strength and vision of achieving digital and industrial transformation.

RIB Group is dedicated to working with China Railway Engineering Consulting Group Co., Ltd. and other domestic visionary companies who are committed to the industrial digitalization of the industry. At the same time, RIB Group will continue to research the Chinese market and continuously develop and improve the execution of digital technology within the construction industry. We will develop more advanced, more intelligent technologies that are suitable for the Chinese market, and jointly promote the digital transformation of China's construction and real estate industry!

Let's "Running Together", digitalize NOW!

Tom Wolf

Chairman and CEO, RIB Software SE

前　言

　　科学技术的发展永无止境，随着云计算、大数据、物联网、移动互联网、人工智能等信息技术的突破和迅速发展，大大推动了社会的进步。作为我国经济支柱型产业建筑业来说，体量庞大但信息技术应用水平较低，未来提升空间巨大。随着 BIM 技术的应用，并建立以 BIM 应用为载体的项目管理信息化，进而提升项目生产效率、提高建筑质量、缩短工期、降低建造成本，成为建筑业信息化变革的方向。"风起于青萍之末，浪成于微澜之间"，时间跨入了 2018 年，对于中国建筑行业的从业者而言，BIM 技术应用之风已来。

　　未来已来，任何变革的浪潮都意味着行业格局的变化。中国中铁股份有限公司作为全球最大建筑工程承包商之一，2018 年在《财富》世界 500 强企业排名第 56 位，一直致力于为全球经济社会发展和基础设施建设做贡献。中铁工程设计咨询集团有限公司是中国中铁股份有限公司的子公司，拥有涵盖 21 个行业的工程设计综合甲级资质，积极拥抱未来，厚积薄发，乘 BIM 应用的东风而起，利用设计的优势，支持工程项目的相关方协同工作、信息共享，从而实现对工程项目全生命周期全方位管理，提升集约化管理，推动建筑产业数字化转型。

　　RIB 集团作为建筑及房地产行业数字化转型的全球领导者，提倡新技术，新思维，新工作模式以提高建筑生产力，与中铁工程设计咨询集团有限公司发展战略契合，双方优势互补，致力于将基于云平台的多方协同应用方式与 BIM 技术集成应用，集成了以三维建筑模型为基础的成本管理、进度管理、质量管理、安全管理及供应链管理等应用，支持项目信息的协同与共享，共同推动 BIM 技术应用从聚焦设计到深化施工，从单点应用到项目集成管理，从简单应用到基于云平台、大数据的多方协同应用发展。

　　中铁工程设计咨询集团有限公司作为国内最早一批应用 iTWO 4.0 平台的用户，在本书中以平台实际项目应用经验为基础，解析 iTWO 4.0 平台逻辑运行架构，详细讲解 iTWO 4.0 平台在工程的虚拟建造阶段、施工阶段的模块应用及未来的发展趋势与方向。希望通过本书，让读者能够更好地了解并熟悉掌握 iTWO 4.0 平台在项目中的应用流程与方法，为企业的 BIM 战略部署和选择以及 BIM 技术平台化应用提供参考，助力建筑企业信息化提升。

　　本书编写过程充满艰辛，市面上可资利用的参考文献和资料少之又少，在编写过程中，得到了中国铁路济南局集团有限公司、济青高速铁路有限公司、鲁南高速铁路有限公司、北京鸿业同行科技有限公司、清华大学等业内专家的大力支持，在此对他们表示衷心感谢！

　　最后，我们期待与 RIB 集团以及国内致力于建筑信息化、建筑工业化探索的企业继续开展深入合作，共同推动中国建筑企业迈向工业 4.0 时代。

王晓刚

中铁工程设计咨询集团有限公司

济南院信息化事业部总经理

2018 年 9 月 17 日

目　　录

11

第1章 iTWO 4.0 系统概论

1.1 BIM 技术与 BIM 协同管理云平台

BIM 技术在项目信息的收集、管理、交换、更新、存储的过程以及项目业务流程管理中，为建设项目生命周期中的不同阶段、不同参与方提供及时、准确、足够的信息，支持不同项目阶段之间、不同项目参与方之间以及不同应用软件之间的信息交流和共享，以实现项目设计、施工、运营、维护效率和质量的提高，以及工程建设行业持续不断的行业生产力水平提升。[1] 简而言之，通过 BIM 技术的应用，实现协同工作、信息共享，从而提高建筑行业的生产效率，实现建筑工业化和信息化。

对于我国建筑业而言，工程项目生命周期长、参与方众多、上下游产业链长，导致工程信息具有数量庞大、类型复杂、来源广泛和存储分散的主要特点，由于信息形式和格式的不同，无法与其他参与方共享，造成了信息流失和信息孤岛等问题，进一步导致工程项目的成本增加和工期延误。而 BIM 技术是对工程项目建设实体的数字化表达，信息完善的 BIM 模型可以连接工程项目不同阶段的数据、过程和资源，可供参与方共同使用。因此，应用 BIM 技术，对建筑全生命周期进行全方位管理，是实现建筑业信息化跨越式发展的必然趋势，同时，也是实现项目精细化管理、企业集约化经营的最有效途径。[2]

在过去几年的发展中，BIM 技术由以单点技术应用为主要应用方式，逐步转变到解决包括成本管理、进度管理、质量安全管理及变更管理的集成管理模式上来，并随着互联网、大数据、云计算等新技术发展，以 BIM 模型为基础，整合模型浏览、算量计价、进度模拟、质量管理、变更管理等基本 BIM 应用点，形成一个具有强大计算能力的平台，并把这个计算能力通过网络分布到终端用户，使用户终端简化成为一个单纯的输入输出设备，并能按需享受平台的强大计算处理能力。这个强大的平台就是我们俗称的 BIM 协同管理云平台。

BIM 协同管理云平台可以为工程项目中的建设单位、设计单位、咨询单位、施工单位、监理单位等提供协同工作环境，能够实现不同阶段、不同专业、不同主体之间的协同工作，保证信息的一致性及在各个阶段之间流转的无缝性，通过设置不同岗位具有不同的平台权限，满足本方数据需求的同时又不干扰其他单位的数据使用，以提高工程全生命周期的运营效率。简而言之，BIM 协同管理云平台，解决项目不同阶段不同参与方之间的信息结构化管理和信息交换，使得合适的人在合适的时候得到合适的信息，进一步实现了协同工作、信息共享，推动了工程项目与企业管理信息化的有效整合。

下面，我们以 RIB 集团推出的 iTWO 4.0 企业级 BIM 协同管理云平台为主，结合我们部分项目案例开启建筑数字化之旅。

1.2　RIB——建筑行业革新者

RIB 集团于 1961 年成立于德国"硅谷"斯图加特，自 2011 年起在法兰克福证券交易所上市。作为建筑地产企业数字化先驱，RIB 集团提倡新技术、新思维、新工作模式以提高建筑生产力，并将汽车等行业的数字化转型经验转化到建筑行业中。在工业 4.0 时代，RIB 集团利用最先进的技术打造 iTWO 4.0——全球第一个基于云的 5D BIM 企业级平台，助力行业实现数字化转型升级。本着"Running Together 并肩前行"的理念，RIB 集团与广大建筑地产行业同仁一同推进建筑行业的转型与革新，探索建筑工业 4.0 时代的制胜之道。

RIB 集团作为建筑及房地产行业数字化转型的全球领导者，其企业级大数据解决方案涵盖建筑项目的全生命周期，同时实现了设计软件与企业资源管理系统（ERP）的有效整合。其产品平台服务超过 15000 个国际客户，其中包括建筑承包商、开发商、业主、政府、投资商以及高校机构。涵盖的项目类型包括房屋建设、基础设施、工业建设等。[3]多语言多货币的 IT 建筑解决方案确保国际客户成功掌握。

在全球先进建造理念的孕育与精心打造下，RIB 集团先后推出了 iTWO 5D、iTWO 4.0、MTWO 等系列产品以及周边辅助工具产品。产品以 5D BIM 解决方案为核心，向项目全周期延伸拓展，进行全流程管理。5D BIM 的概念，充分将三维的立体可视化模型，与第四维度的时间以及第五维度的成本相结合，全方位展示项目数据的变化。

从 3D 到 5D，从设计到施工，从桌面到云端，从互联网到物联网，iTWO 软件平台为建筑及地产企业实现全方位数字化管理。其旗舰产品 iTWO 4.0 作为一款企业级云平台，以 5D BIM 技术为基础，结合云计算、大数据、智能预制件生产、虚拟建造、供应链管理等技术，提供一个云端大数据企业级信息管理系统，以 5D BIM 模型为基础，全人员、全流程、所有项目、全资金流形成有机整体统一管理。企业数字化与项目信息化并行，提升企业运营效率及项目管理水平，实现业务效益最大化[4]。iTWO 5D BIM 方案见图 1.2。

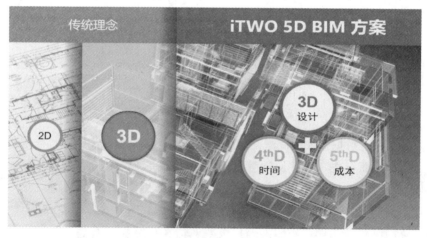

图 1.2　iTWO 5D BIM 方案（摘自 RIB 集团 iTWO 4.0 介绍）

除了 iTWO 5D 与 iTWO 4.0 产品，RIB 集团还有以 iTWO 4.0 产品为核心开发的周边产品。例如 iTWO PPS 装配式生产计划管理平台，iTWO MES 装配预制件生产管理平台，基于微软 Azure 技术的 MTWO 云平台，基于 Revit 设计平台的 iTWO 3D 插件等。对传统建造与装配式建造行业都带来了新的技术支持。希望这些周边产品，在将来能更好地优化整合，助力提高建造行业大数据全生命周期管理。

1.3 iTWO 4.0——建筑 5D BIM 企业级云平台

在当前建筑及地产项目管理中，经常出现模块数据出处不一，数据之间不互通的问题，以及各参与方、各应用软件之间存在数据壁垒，无法自动积累企业级项目数据经验的现象。使用分散型软件管理，会造成局部信息错漏、传递耗时、效率降低、增加成本等。由统一集成的数字化平台，将成为企业提升业务流程、增强核心竞争力的强心剂。

一、统一平台，信息共享

iTWO 4.0 平台作为企业级全流程的数字化管理云平台，涉及项目全过程众多业务板块，项目所有参与方在同一平台上实时协作，共享唯一真实数据源，以减少不必要的信息损失，避免信息孤岛，进而确保及时有效的沟通、高效无缝的团队协作、实时动态的项目数据管理与分析。项目建设全流程高度整合，确保各业务部门、各参与方无缝对接，实现流程化与标准化，从而便于各级管理层进行全流程实时监控、管理及决策，见图 1.3-1。

图 1.3-1 统一平台，信息共享（摘自 RIB 集团 iTWO 4.0 介绍）

1. 全人员

项目的各参与方可以在同一个云平台上共同协作，相互配合。除此之外，企业可以按业务需要分配权限给本企业不同部门员工以及商业伙伴，例如供应商、承包商，一同进行项目数据搭建与更新。同类商业伙伴，同部门员工还可以分配不同授权等级，以便实现数据安全性、准确的流程化管理。用户只需要通过互联网登录平台，即可以进行各职能操作。所有数据同步实时更新共享，极大提升项目管理效率，节省企业重复投入，见图 1.3-2。

图 1.3-2　全人员（摘自 RIB 集团 iTWO 4.0 介绍）

2. 全流程

在传统的项目工作模式中，相关的文件、图纸等档案信息，都存放在档案室的档案柜里，查看起来很不方便。现在，虽然所有的可公开的信息都共享出来，可以随时浏览查看，但在各个子系统之间，如算量、计价、招投标、合同、进度计划、项目变更、质量安全管理等依然无法实现信息互通和信息自动更新，更谈不上各子系统之间的相互协调，形成一个个信息孤岛。

图 1.3-3　项目全流程（摘自 RIB 集团 iTWO 4.0 介绍）

从深度而言，iTWO 4.0 平台可以基于项目全流程，垂直贯穿三维设计、算量计价、进度计划、5D 模拟、招投标、预制生产、供应链、项目现场质量安全管理以及总控各流程，打通数据壁垒。让项目数据全生命周期管理变得更直观、更高效，见图 1.3-3。

3. 多项目

从广度而言，iTWO 4.0 打造企业级多项目管理理念。实现既能让企业各片区，各分公司分别搭建项目数据，又能使企业集团总体把控的管理方式。真正实现了多个项目全流程数据自动流转，保证企业管理数据的精确性和全面性。此外，物联网与云平台技术，大大提高了远程管理项目的便捷性，从而提高企业对旗下项目建造的运转速度。

4. 整合一体化

iTWO 4.0 具有开放的集成性，集合模型—成本—计划—现场管理—移动端等建造全流程应用。并基于自身对资源的管理优势，进行采购管理，实现强强联合阵型，见图 1.3-4。

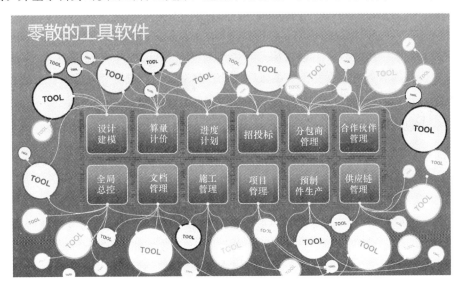

图 1.3-4 整合一体化（摘自 RIB 集团 iTWO 4.0 介绍）

二、从 3D 到 5D，从设计到施工

平台直接基于 BIM 设计模型进行快速算量，并且让 BIM 模型在 iTWO 4.0 平台上实现与时间、成本的关联，便于多方案可视化比选、预测成本变化以及制定采购计划等。

在实体施工前先进行项目全生命周期的 5D 模拟建造，用优化的方案指导实体建造，从而减少或避免不必要的变更与附加成本，提高效率和综合收益。

在实体建造阶段，通过协同项目各参与方搭配平台智能化工作流，实现各参与方在平台上进行无缝协作、可视化项目进度管控、进度管控智能预警、采购分包阶段全流程管理以及招投标全流程管理等。

三、漫步云端，管理移动化

云计算是一种新兴的共享基础架构的方法，旨在通过网络把多个计算实体整合成一个具有强大计算能力的系统，也就是"云"，并把这强大的计算能力分布到终端用户手中，使用户终端简化成为一个单纯的输入输出设备，并能按需享受"云"的强大计算处理能力。

"云"是一个抽象的概念。只要我们能够通过网络访问不在本地的软件和硬件，我们就可以说这些软件和硬件在"云"里。在云计算时代，我们不需要关心存储或计算发生在哪朵"云"上，而只需通过网络，用浏览器就可以很方便地访问资料，把"云"作为资料存储以及应用服务的中心。[5]

iTWO 4.0 作为一个基于 B/S 架构（Browser/Server，浏览器/服务器模式）的企业级云平台，集成了多类型模型文件的导入及整合优化、快速算量组价、可视化计划及任务管理、招标成本管理、投标请款管理、质量安全管理、智能供应链管理、合作伙伴管理以及后期将会逐步完善的预制件生产管理等多项功能模块。平台拥有强大的数据处理和计算能力，用户无需安装任何客户端，可直接通过网页在 PC 端和移动端登录，便捷灵活；由于数据的存储和计算是在各个服务器中运行的,从而对 PC 端的配置要求大幅降低。平台还可以在高性能的云服务器上运行,确保流畅运作,并且平台支持公有云和私有云部署,可根据业务需求灵活选择,保障数据安全性。

所谓的公有云通常指第三方运营商向用户提供能够使用的云,用户不需要专门购买服务器,而是全部向云服务提供商租用云主机来提供应用服务。公有云的最大意义是能够以低廉的价格,提供有吸引力的服务给最终用户,创造新的业务价值,公有云作为一个支撑平台,还能够整合上游的服务提供者和下游的最终用户,打造新的价值链和生态系统。它使客户能够访问和共享基本的计算机基础设施,其中包括硬件、存储和带宽等资源。

所谓的私有云,即企业出于云计算服务的稳定性、保密性以及数据的安全性考虑,由企业自己搭建、使用自己的个人电脑或服务器为企业内部以及相关客户提供云服务。私有云可以根据企业自身的要求来确定数据的存放位置,对数据拥有绝对的掌控权,从而整合并最大化利用企业资源。但是由企业自己搭建私有云,对云平台硬件要求比较高,搭建成本昂贵,且需要 IT 工程师长时间进行平台维护,很多用户就是因为前期的较高投入,放弃了对云平台的尝试。基于这种情况,RIB 与微软联手打造,结合 RIB iTWO 4.0 核心技术和微软 Azure 的 MTWO 平台。MTWO 整合 IaaS、PaaS 和 SaaS 三种服务形式,其中,提供的 SaaS 业务模式,用户无需支付额外昂贵的硬件或基础设施,无需下载和安装软件,便可访问基于网络的 MTWO 平台,实现项目从虚拟规划到实体建造的全流程,显著降低前期成本并高效地管理现金流。

此外,结合 RIB 集团配套开发的移动端应用程序 APP,现场人员可以第一时间录入项目信息以及各种现场情况,再通过 APP 同步到平台,总部管理人员即可快速决策,推动项目进程,见图 1.3-5。

图 1.3-5　漫步云端,管理移动化 (摘自 RIB 集团 iTWO 4.0 介绍)

四、大数据管理,项目数据复用

iTWO 4.0 不仅是企业级云平台,还是一个大数据库,能存储过往项目各种类型(住宅、商用楼宇、公路、桥梁、工厂、机场、医院、学校等)历史数据包,包括设计模型、价格、物料、人员配置、流程、分包商、供应商等信息并实时更新,实现对同类型历史项目数据的快速搜索和调用，见图 1.3-6。

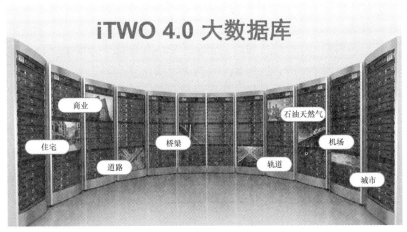

图 1.3-6　大数据管理，项目数据复用（摘自 RIB 集团 iTWO 4.0 介绍）

清单库信息：多项目在同一平台操作，系统可积累各类型项目清单。如项目为持续性发展项目，更能为以后提供快捷的项目清单数据。

定额库信息：平台提供各主流省份的综合定额数据。除此之外还能建立企业自己的内部定额库。根据自身的建造成本优势形成的定额数据，将更有利于日后建造的成本管控。

资源信息：通过多项目在统一平台操作，系统可为企业形成企业级别的人材机资源库。传统方式需要由各项目组汇总数据提交企业总部。基于大数据云平台的优势，企业级资源数据汇总将得到有效提高。

商业伙伴：企业对外的商业伙伴管理，传统通过 ERP 模式或电子文档管理，存在离散与数据孤岛现象。iTWO 4.0 的大数据库，可协助企业管理所有对外商业伙伴，并建立商业绩效评分以及商业关系网络图等。

过往及现有项目的数据能帮助企业建立标准模板、纳入大数据库，应用于未来同类型项目，将复用水平提高到模块化管理层次，实现快速标准化建设。项目结束后，项目全生命周期数据可以保存作为项目的数据凭证，也为后续的人工智能做大数据铺垫。

五、开放性与兼容性

iTWO 4.0 平台具有高度兼容性。首先，平台具备与多种 BIM 设计软件的接口，能够通过模型导出插件，将各类 BIM 设计软件搭建的模型转换为统一格式（.cpixml）的模型文件。不仅支持模型几何数据的导入，还对模型中自带的非几何数据具有良好的兼容性。除此之外，平台可通过 API 与第三方系统对接，以满足业务持续增长的需求。平台具备高度开发性，可通过标准 API 二次开发，灵活打造专属的商务应用。iTWO 平台已与全球多个 ERP 系统（如 SAP）有丰富的对接经验，搭配高水平、专业化、国际化的实施团队人员，实施成果得到全球大量项目验证。实施服务体系完整，从前期调研、业务流程梳理优化，中期培训、驻场，到后期维护、协助成果展示等，为实施全程保驾护航。

1.4　中铁设计与 iTWO 的数字化情缘

中铁工程设计咨询集团有限公司简称中铁设计，是集工程勘察、设计、咨询、监理、总承包和科研开发于一体的大型综合勘察设计咨询企业，是世界 500 强企业——中国中铁股份有限公司的全资子公司，持有国家颁发的工程勘察综合类甲级、涵盖 21 个行业的工程设计综合甲级等 12 项甲级资质，业务范围覆盖铁路工程、城市轨道交通、公路、市政工程等。

面对铁路工程中涉及专业众多、建设周期紧张、协调管理难度大、信息化程度低、数据离散的特点，中铁设计与时俱进，将 BIM 技术逐渐应用到铁路行业中来，形成较完善的铁路工程全生命周期 BIM 解决方案：贯穿以"铁路工程"为主业，以"BIM＋云技术"为引擎，以"铁路 BIM 标准"为依据，以"落地于项目管理"为思路，以"顶层设计、总体规划、分步实施"为导则的平台顶层设计思路，搭建独有的设计施工管理平台，并以开放的心态来拥抱物联网、大数据、人工智能等技术，努力营造高效的建筑业生态，更好地服务客户，见图 1.4-1。

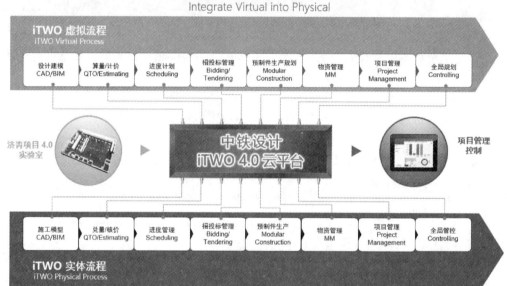

图 1.4-1　设计施工管理平台

（摘自中铁设计 iTWO 4.0 应用介绍）

中铁设计经过多方考察研究，切实地感受到 RIB 集团推出的 iTWO 系列产品与其设计施工管理平台工作理念相符，更符合中国轨道交通的发展需要。因此，于 2015 年加入 iTWO 联盟网络，2016 年开始使用 iTWO 5D 平台，2017 年 6 月份逐步升级到 iTWO 4.0 平台，具有双平台的使用经验。

在济青高铁、青连铁路的项目实施过程中，技术团队将建设流程分为设计、预建造、施工协同三大部分。首先在预建造部分便发挥了 iTWO 云平台的技术优势，突破性的 5D 虚拟建造技术将施工过程提前预演，完美衔接项目设计和施工阶段，服务于后续施工管理和合理资源配置，对项目起到承前启下的作用。最重要的一点，它可以利用科技来降低流程以及其他所有工作的风险。以 5D BIM 技术为基础，设计与施工阶段紧密结合，从而提升企业运营效率及项目管理水平，创造了更大的价值，见图 1.4-2。

同时，iTWO 4.0 产品对于企业多项目全流程管理，系统应用流畅程度以及系统灵活

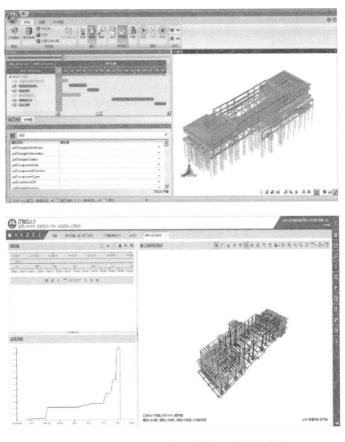

图 1.4-2 iTWO 5D 与 iTWO 4.0 界面对比

程度都比上一代产品有了明显提高。在平台总体提升如图 1.4-3 所示。

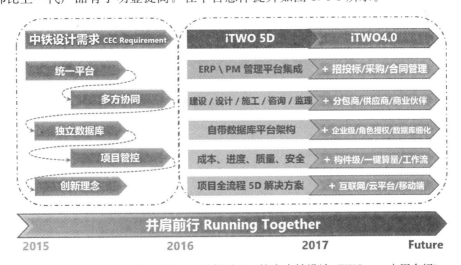

图 1.4-3 iTWO 5D 到 iTWO 4.0 功能对比（摘自中铁设计 iTWO 4.0 应用介绍）

iTWO 4.0 是基于 iTWO 5D 业务功能升级换代的一套云产品。两套产品从数据架构到业务应用的适用性都有明显的提升。部分差异如表 1.4-1 所示。

从 iTWO 5D 到 iTWO 4.0　　　　　　　　　　　　　表 1.4-1

功能	iTWO 5D	iTWO 4.0
客户端	需要安装客户端	无需安装客户端，云平台
使用设备	电脑设备	电脑设备，移动设备
使用界面	基于安装软件界面	基于互联网浏览器界面
数据级别	项目级	企业级
授权管理	项目模块级别	根据不同分组，角色，职能分配
业务应用	项目基础数据，建造，ERP 整合	企业数据配置，建造，招采，工作流，装配式管理，ERP 整合，模型优化，算量计价优化，计划多版本对比等

　　除此之外，iTWO 4.0 平台在多类型模型文件的导入和优化、快速算量组价、可视化计划与任务管理、合作伙伴管理、智能供应链管理及财务管控与企业 ERP 对接等模块都有所优化和增强，提供了一套建筑工业 4.0 一站式解决方案，助力建筑产业向信息化、工业化转型。

　　在与 RIB 集团合作期间，双方共同建立建筑 4.0 时代的大数据云平台，有助于将传统项目管理推向模型可视化、进度形象化、大数据化的管理方向。铁路事业任重而道远，需要不断吸收各方新科技，整合创新管理。引用如 RIB 集团的"新思维"理念，加上铁路行业日新月异的硬件技术更新，两者并驾齐驱，就能为铁路项目管理探索出一条能落地的、能提升的、能积累的新时代项目管理道路。

　　在未来的日子里，中铁设计愿与 RIB 集团携手共进，共同开拓轨道交通市场。

第 2 章   iTWO 4.0 应用流程

2.1   iTWO 4.0 业务应用流程

工程项目建设是一个复杂的系统工程，需要项目的各个参与方如业主单位、设计单位、施工总承包单位、咨询单位、监理单位等协同配合，共同完成。如何通过 iTWO 4.0 平台为工程项目提供信息化管理手段，为项目实施提供更科学的决策依据，是我们本章讨论的重点。iTWO 4.0 平台可应用于不同建造角色。下面将根据我们部分项目案例，从业主单位和总承包单位的角度分别展开，详细描述 iTWO 4.0 的业务应用流程。

2.1.1   业主单位业务应用流程

业主单位是工程项目建设过程的总集成者——人力资源、物质资源和信息的集成，也是工程项目建设过程的总组织者。业主单位的项目管理任务繁重、涉及面广且责任重大，其管理水平直接影响项目的增值。利用 iTWO 4.0 平台，业主单位可以在施工前期，通过 5D BIM 虚拟建造模拟出整个工程项目的建设过程，优化工程进度，完成各种资源的提前部署；然后依据平台得出的资源用量并配合施工进度进行招标采购，从平台提供的供方库中选择潜在投标人进行询价，直至签订合同。在施工过程中，实时关注项目实际完成进度与计划进度的差别，提前预知风险；在质量管理模块，通过移动端 APP 实时监控施工质量，及时发现问题、处理问题，直至竣工验收，见图 2.1.1。

RIB 实施团队将根据用户角色特点进行分析并协助用户应用平台。

2.1.2   施工总承包单位业务应用流程

施工总承包单位是工程项目的实体构造者、项目管理的执行者和项目最终目标的实现者。[6] 施工总承包单位关注的重点是工程项目的进度、成本、安全及质量。进度方面，通过 iTWO 4.0 平台，在施工前期，输入多方案进度计划，比选最优施工方案；在施工过程中，实时反馈现场进度，通过进度前锋线准确反映出延误的工序。成本方面，在投标前期通过 iTWO 4.0 平台计算出的工程量与企业定额相结合得出最有利的投标报价，与业主签订合同；根据采购模块创建的采购包数据与材料供应商进行采购招标；在施工过程中，通过工程量审核模块记录已完工工程量，与业主结算工程款。在质量安全方面，根据现场进度，上传施工日志，记录施工过程；通过移动端 APP 及内置工作流，实时反馈现场问题、提出解决方案，经业主或监理单位认可后进行整改，见图 2.1.2。

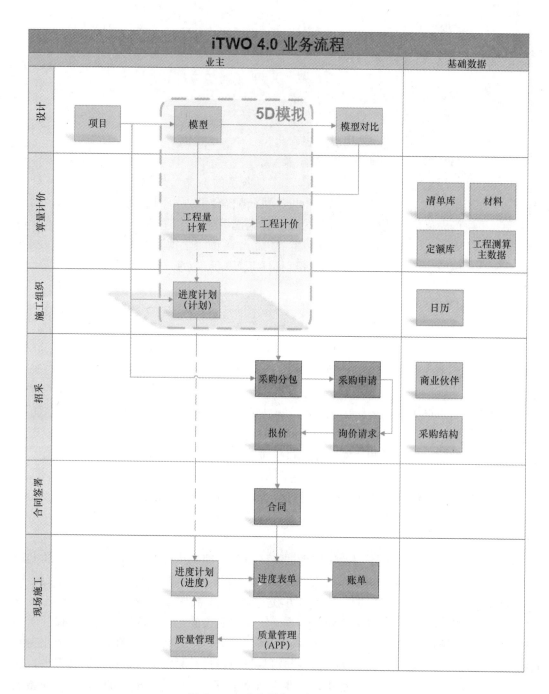

图 2.1.1   业主单位业务应用流程

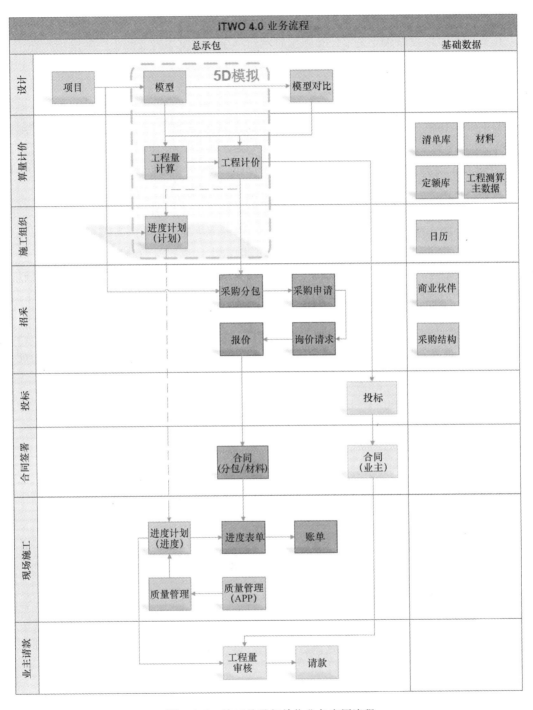

图 2.1.2　施工总承包单位业务应用流程

2.2　iTWO 4.0 项目应用流程

在上一节中，我们从业主单位和施工总承包单位的角度展开业务流程的讲解，在本节中，以实际工程项目出发，讲述不同项目阶段、不同参与方之间，基于 iTWO 4.0 平台的项目应用流程。

在项目策划阶段，业主单位发现商机进行项目立项，然后交由设计单位进行方案设计、初步设计和施工图设计，咨询单位根据图纸在 BIM 建模平台上搭建模型，并将通过由 BIM 模型反映出的设计问题反馈给设计单位，整改后搭建设计深化模型，上传至 iTWO 4.0 平台。平台可以根据模型计算出项目的工程量，用于项目招标及设计阶段的成本控制。

在招投标结束后，咨询单位根据业主和施工单位提交的工程量清单及施工组织计划，在 iTWO 4.0 平台中完成 5D BIM 施工模拟，比选出最优的施工实施方案。业主单位根据虚拟建造方案指导现场施工，并依据施工进度按时提供甲供物资给施工总承包单位。

施工总承包单位除了利用进度模块实时管控现场进度，上传施工日志等文档材料外，还可以通过采购包数据向材料供应商进行招标采购。

除此之外，还可以将业主单位或施工总承包单位已有的施工管理平台、ERP 管理平台与 iTWO 4.0 平台无缝对接。例如，可以将风险源管理流程及进度验收管理流程与 iTWO 4.0 相关模块对接，共同管理项目，实现项目信息在多平台之间的无缝流转，为项目决策提供有利的数据支持，见图 2.2-1 和图 2.2-2。

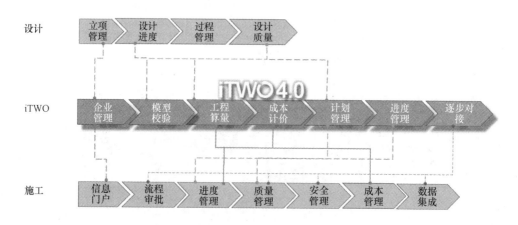

图 2.2-1　iTWO 平台与其他平台对接

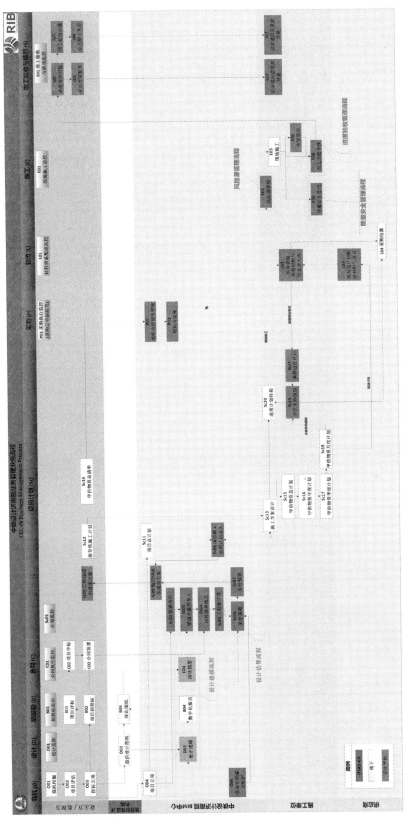

图 2.2-2 iTWO 4.0项目应用流程

第3章 iTWO 4.0 基本配置、实施流程

3.1 iTWO 4.0 基本配置环境

3.1.1 iTWO 4.0 硬件环境配置

iTWO 4.0 平台对硬件的计算能力和图形处理能力提出了较高的要求，为保证平台能够顺利运行，需要搭建 3 个服务器，例如为了满足一组 50 个授权同时登录，RIB 集团给出的 IT 配置推荐方案。

iTWO 4.0 应用服务器配置见表 3.1.1-1。

数量：1。

iTWO 4.0 应用服务器配置 表 3.1.1-1

部件	数量	描 述
CPU	2	Intel Xeon 8 核心 CPU 或更高
内存	256 GB	ECC 内存
硬盘	2TB 以上	使用 SSD Raid（推荐 Raid 10）作为本地存储，或使用 IPSAN 设备 I/O 块≤16kB，队列深度 32 时，随机 IOPS≥70000，延迟时间≤1ms
网卡	10 Gbps	连接万兆交换机
显卡	1	Nvidia Tesla M60 显卡
操作系统	1	Windows Server 2016 64 位（根据具体 CPU 核心数授权）
软件	1	MS SQL Server 2016 标准版 4 核心以上不限用户连接数

iTWO 4.0 数据库服务器配置见表 3.1.1-2。

数量：1。

iTWO 4.0 数据库服务器配置 表 3.1.1-2

部件	数 量	描 述
CPU	2	Intel Xeon 6 核心 CPU 或更高
内存	64 GB	ECC 内存，建议 64GB
硬盘	2TB 以上	使用 SSD Raid 10 作为本地存储，或使用 IPSAN 设备
网卡	10 Gbps	连接万兆交换机
操作系统	1	Windows Server 2016 64 位（根据具体 CPU 核心数授权）

Citrix VDA 服务器配置见表 3.1.1-3。

数量：1，满足 5 个同时在线 5D 用户或 20 个基础用户。

Citrix VDA 服务器配置　　　　　　　　　　　　表 3.1.1-3

部　件	数　量	描　　述
CPU	2	Intel Xeon 8 核心 CPU 或更高，主频≥3.0GHz
内存	128 GB	ECC 内存
硬盘	200 GB	使用 SSD Raid 10 作为本地存储，或使用 IPSAN 设备
网卡	10 Gbps	连接万兆交换机
显卡	1	Nvidia Tesla M60 显卡
操作系统	1	Windows Server 2016 64 位（根据具体 CPU 核心数授权）

结合中铁设计集团情况，以下展示中铁设计针对 iTWO 平台的硬件配置方案（基于一组 50 个授权），作为参考。

中铁设计应用服务器配置见表 3.1.1-4。

数量：1。

中铁设计应用服务器配置　　　　　　　　　　表 3.1.1-4

部　件	描　　述
CPU	Xeon E7-4830 V4 (4 * 8)
内存	120G
硬盘	1TB
网卡	连接万兆交换机
操作系统	Windows Server 2016 64 位
软件	MS SQL Server 2016

中铁设计数据库服务器配置见表 3.1.1-5。

数量：1。

中铁设计数据库服务器配置　　　　　　　　表 3.1.1-5

部　件	描　　述
CPU	Xeon E7-4830 V4 (4 * 10)
内存	56G
硬盘	1TB
显卡	集成
网卡	连接万兆交换机
操作系统	MS SQL Server 2016

Citrix VDA 服务器配置见表 3.1.1-6。

数量：1。

部　件	描　述
CPU	Xeon E7-4830 V4（4 ＊ 10）
内存	56G
硬盘	1TB
显卡	集成
网卡	连接万兆交换机
操作系统	MS SQL Server 2016

Citrix VDA 服务器配置　　　　　　表 3.1.1-6

　　不同的企业需求，IT 配置会有所不同。建议根据企业自身情况与 RIB 集团实施团队沟通，确定详细硬件配置方案。

3.1.2　iTWO 4.0 网络拓扑结构

　　根据公司业务及管理过程中涉及到的各种信息的关键性、敏感程度，合理确定各种网络应用的安全级别，划定各类安全域，建立一套整体的信息安全保障体系，实现分层次的安全体系设计及安全技术规范的统一（图 3.1.2）。

　　（1）办公外网区：提供用户的互联网访问；规划多互联网出口（至少两个互联网出

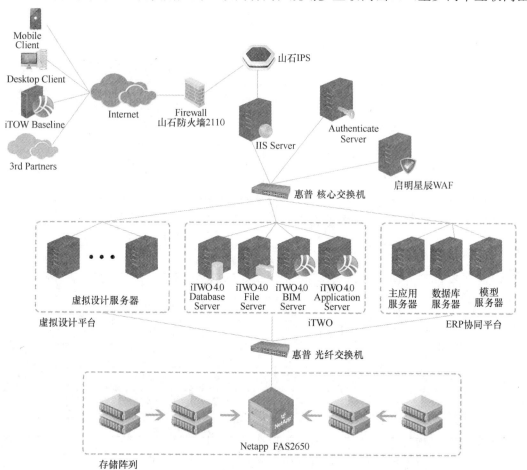

图 3.1.2　iTWO 4.0 网络拓扑图

口，每条出口带宽为 1Gbps）；

（2）DMZ 区：对公众发布 iTWO 的服务器所在的区域；

（3）数据中心核心区：内部重要业务系统所在区域；

（4）办公内网区：提供用户内网业务办公区域，其终端包括 PC 机和 VDI；

（5）广域网互联区：主要是用户访问外网的安全防护。

（6）带外管理区：该区域是一个独立系统网络环境的区域。主要用于使用带外连接线路管理系统中的各项网络安全设备。

系统局域网间连接以宽带为主，可辅以联通/INTERNET 连接。对于远程访问可以宽带或联通宽带进入本系统。对移动办公可采用多种接入方式入网，如 MODEM、短信、802.11B、GPRS 等。

网络采用成熟可靠的星型联接，通过 100/1000M 网络联接形成完整的网络应用框架。

3.1.3　iTWO 4.0 实施团队配置

技术的进步并不能直接带来信息品质的提高，任何项目或计划的成功都离不开"人"的作用。是"人"在确定目标、推进进程、处理信息、使用成果并创建价值，因此建立一支目标明确、协调统一的团队是保证 BIM 得以成功实施的战术关键。[7]

在 iTWO 4.0 平台正式上线前，需要 RIB 技术专家团队提供大量的平台配置和相关培训服务。在平台上线后，需要企业建立自己的项目实施团队，进行项目实施。

在团队的人员配置方面，需要根据实际情况来进行合理安排，但总的来说，iTWO 4.0 平台对人员的需求分为两种：第一是实施人员，第二是 IT 人员。对于一个完整的企业 BIM 团队实施管理平台来说，这两种人才都是不能缺少的。

平台技术实施人员包括模型模块、成本管理模块、进度管理模块、分包采购模块、质量安全模块等项目主要实施模块的专门技术人员，单个模块的技术人员除了对本模块的实施目标、业务流程有着明确的认知和熟悉本专业技能外，对其他模块的相关业务也要有所了解，因为在 iTWO 4.0 平台中每个模块都是环环相扣、协同配合的，当前模块处理完成的数据就是在下一个模块所需要的输入数据，所以大家在协同工作的时候要具有整体的项目实施意识，这就需要设置一个项目总控角色——项目经理。平台项目经理负责执行、指导和协调所有与 iTWO 4.0 平台有关的工作，包括项目实施目标、业务流程、资源调配及技术指导；协调和管理平台中的所有团队成员，以保障完成产品在技术上的合适性、完整性、及时性和一致性。

至于第二种 IT 人才则是为了设备、平台、信息的日常维护和管理，保障平台的正常高效运行，从而保证技术实施人员专注于自己的专业工作。这两种人才相辅相成，共同完成信息的收集、录入、分析、存储及共享。

3.2　iTWO 4.0 实施流程

图 3.2 以思维导图的方式展示出 iTWO 4.0 平台的准备工作及主要模块应用点的实施流程，后面小节详细讲解准备工作的内容，关于平台模块应用点将在第五章和第六章展开阐述。

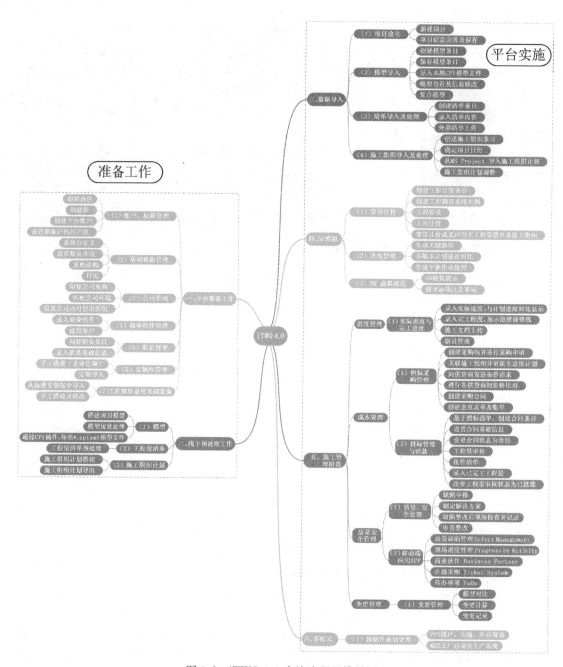

图 3.2　iTWO 4.0 实施流程思维导图

3.2.1　准备工作流程

一、平台准备工作

1. 账户、权限管理

A. 创建角色，设置角色在各模块的读、写权限

B. 创建组，按项目或公司创建用户组，并分配组角色与公司查看权限

C. 创建 iTWO 4.0 账户、设置账户名、账户密码及基本信息录入

D. 设置新账户的用户组

2. 基础数据管理

A. 系统自定义

B. 设置默认环境

C. 采购结构

D. 日历

3. 公司管理

A. 创建公司架构

B. 匹配公司环境（以默认环境为基础设置）

C. 设置公司内可使用的组

4. 商业伙伴管理

A. 录入商业伙伴

B. 对业主伙伴设置客户

5. 职员管理

A. 创建职员条目

B. 录入职员基础信息

6. 定额库管理

A. 手动创建（企业定额）

B. 定额导入

7. 工程测算系统基础数据

A. 从标准安装包中导入

B. 手动创建及修改

二、线下预处理工作

1. 模型

A. 在设计平台搭建项目模型

B. 模型优化处理

C. 通过 CPI 插件，导出"∗.cpixml"模型文件

2. 工程量清单

A. 工程量清单预处理

3. 施工组织计划

A. 施工组织计划搭建

B. 施工组织计划导出

3.2.2　平台实施流程

平台的准备工作与线下预处理完成后，用户就可以登录平台实施项目，为了使读者对平台实施流程有清晰的概念，先将基本流程列出，本书的第五章及第六章将对此内容展开详细讲解。

一、数据导入

1. 项目建立

A. 新建项目

B. 项目信息完善及保存

2. 模型导入

A. 建立并保存模型条目

B. 导入本地 CPI 模型文件

C. 进行模型浏览

D. 进行模型筛选

E. 信息查看与修改

F. 模型发布

3. 清单导入及处理

A. 创建工程量清单条目

B. 录入清单内容

C. 外部清单上传

4. 施工组织导入及处理

A. 创建施工组织条目，录入详细信息

B. 确定项目日历

C. 从 MS Project 导入施工组织计划

D. 施工组织计划调整及优化

二、5D 模拟

1. 算量计价

A. 创建工程计价条目

B. 创建工程测算系统实例（算量任务分组与具体算量任务）

C. 工程算量

D. 工程计价

G. 算量计价成果应用至工程量清单、施工组织、招采，投标及变更等其他模块

2. 进度管理

A. 导入/创建进度计划

B. 生成关键路径

C. 多版本计划进度对比

3. 5D 虚拟建造

A. 5D BIM 模拟展示

B. 模型加载注意事项

三、施工管理阶段

进度管理：

1. 实际进度与完工进度

A. 录入实际进度，与计划进度对比显示

B. 创建历史进度报告，展示进度前锋线

C. 施工文档上传

D. 职员管理

成本管理：

1. 招标采购管理

A. 创建招标/采购包并进行采购申请

B. 关联施工组织并更新至进度计划

C. 向投标方/供货商发送询价请求

D. 记录报价并进行价格比对

E. 创建招标/采购合同

F. 创建进度表单记录

G. 创建账单

2. 投标管理与请款

A. 基于投标清单，创建合同

B. 设置合同基础信息

C. 改变合同状态为承包

D. 创建工程量审核

E. 接管清单

F. 录入已完工工程量

G. 改变工程量审核状态为已批准

质量安全管理：

1. 质量、安全管理

A. 缺陷申报

B. 制订解决方案

C. 缺陷整改后现场检查并记录

D. 审查整改

2. 移动端应用 APP

A. 质量缺陷管理 Defect Management

B. 现场进度管理 Progress by Activity

C. 商业伙伴 Business Partner

D. 在线采购 Ticket System

E. 待办事项 ToDo

变更管理

A. 模型对比

B. 变更计算

C. 变更记录

四、装配式

预制件规划管理

A. iTWO PPS 排产、运输、库存规划

B. iTWO MES 工厂自动化生产系统

3.2.3　准备工作内容详解

一、平台准备工作

在进行平台准备工作时，建议前期由 RIB 公司专业技术团队进行配置，读者作为使

图 3.2.3-1　用户管理模块集合

用方，理解工作内容即可。在平台使用过程中，建议由高权限管理人员或请 RIB 技术专家进行以下内容的管理维护工作。

在平台准备工作前期，需要在私有云模式的服务器内安装平台系统，以及成功发布网络证书，可实现内、外网平台访问。

1. 账户、权限管理

账户及权限是 iTWO 4.0 平台的基础设置，以实现不同账号赋予不同权限，既满足了平台信息的共享性又保证了数据的安全性。其中包括用户、组、角色三个模块，建立人员账户后，可根据各参与人员的工作职能进行划分，设定不同角色，并通过组模块将公司、用户及权限进行关联，实现权限管理（图 3.2.3-1）。

（1）创建角色，设置角色在各功能模块的读、写权限（图 3.2.3-2）；

图 3.2.3-2　角色模块

（2）创建组，按项目或公司创建用户组，并分配组角色与公司的查看权限（图 3.2.3-3）；

（3）创建平台账户、设置账户名、账户密码及基本信息录入（图 3.2.3-4）；

（4）设置新账户的用户组（图 3.2.3-5）、（图 3.2.3-6）。

图 3.2.3-3 组模块

图 3.2.3-4 用户模块

图 3.2.3-5 用户模块组设置

图 3.2.3-6　组模块添加用户

2. 基础数据管理

在搭建公司架构前，需要对公司内所使用的基础环境进行配置，环境内包含可以分配给当前公司每个模块的所有可定义的内容与状态，为平台的使用提供底层数据（图 3.2.3-7）。

（1）系统自定义

设置公司基础数据环境，包括权限环境、设备环境、模块环境、资源环境、文本模块环境、时间表环境、子分类账环境、物流环境、基础数据环境、总账环境、工程子目环境、项目环境（图 3.2.3-8）。

图 3.2.3-7　自定义模块

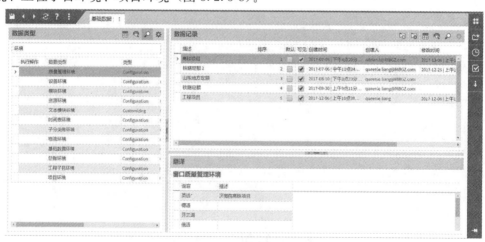

图 3.2.3-8　环境自定义

（2）设置默认环境

设置各个数据环境的默认环境（图3.2.3-9）。

图3.2.3-9 勾选默认环境

（3）设置采购结构

在采购结构模块，采购结构的编制可根据企业采购流程制订（图3.2.3-10）。在采购事项标签页中规划采购的具体事项（采购流程），该采购事项可在采购包与进度计划关联更新后，根据当前项目的进度计划生成采购流程中的具体日期。详见后面章节关于招标采购的模块介绍（图3.2.3-11）。

（4）日历

在日历模块，可根据实际施工工作日及假期，设置项目日历，包括工作时长、工作日、国家法定假期等，用于后期施工组织计划的编制。平台内项目日历需要与线下MS Project中日历相统一（图3.2.3-12）。

图3.2.3-10 采购结构模块

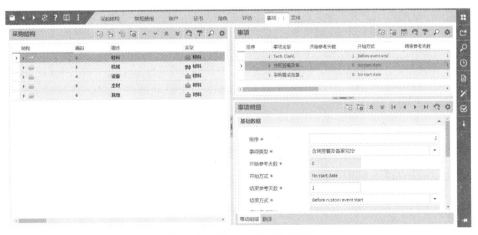

图3.2.3-11 预设采购事项

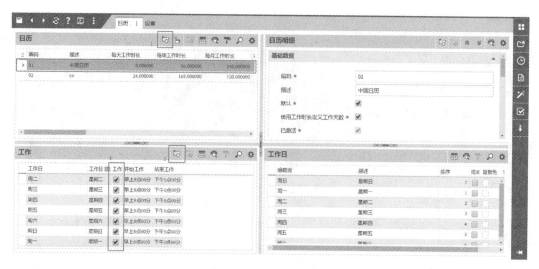

图 3.2.3-12　设置日历

3. 公司管理

作为企业级平台，iTWO 组织架构可分为三级：集团、公司和利润中心。这三个基本组织除了可以构建业务组织框架功能之外，还可以按照法律法规来设置汇率、支付条件以及税务代码等。

集团是 iTWO 云系统中在经济、组织、技术上独立的单元，是系统层次中的最高级别。

在集团下可建立若干公司，公司是创建单个财务报表的最小的组织单位，并可作为合并财务报表的基础，如资产负债表和利润。公司的定义是强制性的，可以包括一个或多个利润中心，使用相同的账目表和财年周期。

"公司"拥有传递给所有底层结构的主数据池。在公司层级进行的设置以及输入的基础数据对于在该公司以下的所有其他组织结构都有效。

"利润中心"是最常用的分解公司结构的定义，如子公司，拥有独立的、不同的法律实体，以达到区分税收、监管和责任等目的。

公司架构是使用平台时最基本的层级选择结构，一个集团内可以下设若干个子公司，在一个子公司内可以细分为多个利润中心，在一个利润中心内创建若干个项目，形成企业级云平台。一旦创建公司并配置好基础数据环境后，公司不可被删除，数据环境也不可被修改。

（1）创建公司架构（图 3.2.3-13）

（2）匹配公司环境（以默认环境为基础设置）（图 3.2.3-14）

（3）设置公司内可使用的组

包括商业设施、接待设施、行业设备、公共设施、军事设备、基础设施、居住设施（图 3.2.3-15）。

4. 商业伙伴管理

商业伙伴管理的是一个企业中真实业务伙伴与所有其他潜在合作伙伴的信息，所有与企业有共同业务或可能有业务往来的公司、机构和人员都被记录在该系统中。

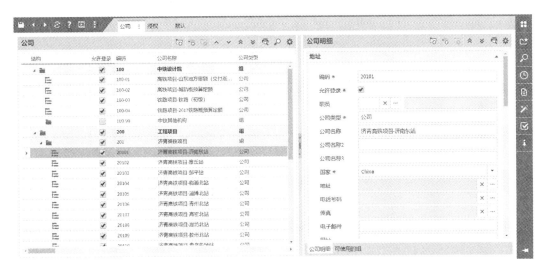

图 3.2.3-13　公司架构

主数据池

基础数据环境 ∗	山东地方定额-0616
进度计划环境	山东地方定额-0616
工程子目环境 ∗	山东地方定额-0616
总账环境 ∗	山东地方定额-0616
子分类账环境 ∗	山东地方定额-0616
模块环境 ∗	山东地方定额-0616
文本模块环境 ∗	山东地方定额-0616
资源环境	山东地方定额-0616
设备环境	山东地方定额-0616
缺陷环境	山东地方定额-0616
时间表环境	山东地方定额-0616
物流环境 ∗	Default Logistic Context
Projekt Context	Default Project Context
价格条件	

图 3.2.3-14　公司主数据池

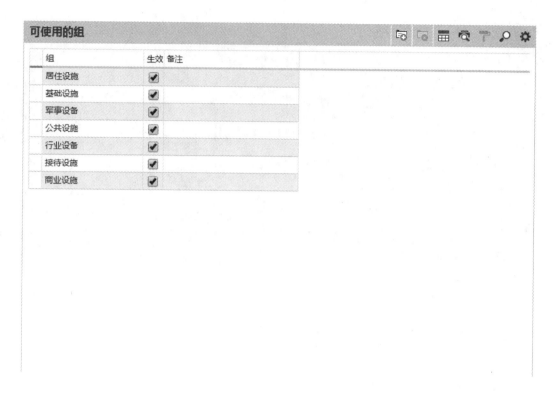

图 3.2.3-15 公司可使用的组

（1）录入商业伙伴

包括业主、供货商、分包商等，录入各合作伙伴的联系信息、地址等通信信息（图 3.2.3-16）。

图 3.2.3-16 商业伙伴

（2）对业主伙伴设置客户

在商业伙伴内，设置客户，包括债务人代码、账本分组、子公司及分公司描述（图 3.2.3-17）。

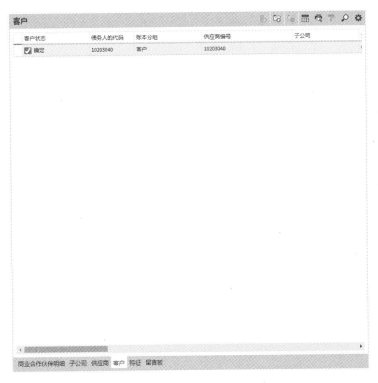

图 3.2.3-17　设置客户

5. 职员管理

职员模块用于创建、存储公司内部的联系人信息，包括姓名、所属公司、电话号码、电子邮件地址等其他详细信息。此外，还可以存储有关缺省活动、特性、用户角色的信息（图 3.2.3-18）。

图 3.2.3-18　职员管理

（1）创建职员条目；

（2）录入职员基础信息与登录密码；

（3）分配角色权限配置。

6. 定额库管理

定额库是用于存储与计价相关的单元内容，包括成本代码、材料等。这些单元是用于项目的计价功能，而定额库可以将这些单元进行组合，形成组合价格，统一调用。因此，定额库用于简化整个计价过程（图 3.2.3-19）。

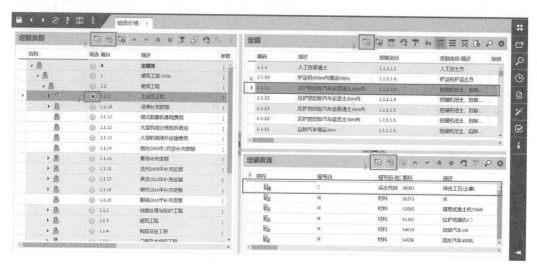

图 3.2.3-19　新建定额

（1）进入定额库模块，新建定额类别，输入对应信息，包括"编码"，"描述"等。

（2）在定额窗口中，新建定额，输入相应信息，包括"编码"，"描述"以及"单位"等。

（3）在定额资源窗口中，新建资源，输入相应资源信息，设置"单价"等。

注：缩写码说明：

C：成本代码，用于选取人工种类及价格，与其他费用价格。

M：材料，用于选取材料及价格。

P：机械，用于选取机械及价格。

A：组合价格，用于直接选取定额。

S：次级组合，用于选取复合配比材料。

7. 工程测算系统基础数据管理

工程测算系统基础数据是用于精确算量和计价的基本计算规则，工程测算系统实例模块搭建起模型与算量计价、进度及其他模块之间的桥梁，因此在成本估算、进度计划过程中起着至关重要的作用。

在模型筛选方面，根据建模标准预定义模型筛选条件；

在工程量计算方面，预定义模型构件工程量计算规则。用户可选择直接读取模型构件工程量数值，或者系统重新计算工程量，还可以通过用户自定义数值的进行算量；

在计价方面，根据企业标准定额套价规则，预定义算量结果与定额子目的关联逻辑；

在清单方面，根据企业标准工程量清单，预定义算量结果与工程量清单子目的关联逻辑；

在进度计划方面，根据企业标准进度计划，预定义算量结果与进度计划子目的关联逻辑。

工程测算系统基础数据是基于 JavaScript 编程语言进行编制，可以实现模型构件自动筛选、定额预匹配、构件算量和清单挂接等功能，实现一键算量。在工程测算系统基础数据模块的操作流程见图 3.2.3-20：

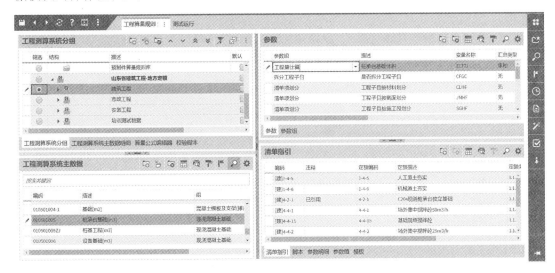

图 3.2.3-20 工程测算系统主数据

（1）进入工程测算系统基础数据模块，搭建计算规则库。

（2）对单项计算规则定义参数预匹配。

（3）在脚本窗口，通过编程语言编写计算程序。

工程测算系统基础数据模块的特点为：

标准化：基于企业的标准信息，系统可以建立各项基础数据，有效简化项目中规则性的算量计价工序。

灵活化：企业可以基于不同公司建立不同工程测算系统基础数据版本，实现多区域不同模块管理。

多样化：各项基础数据可建立多种参数。通过用户数值自定义/模型属性值获取/公式运算等方法事现项目工程量计算与参考。

便捷化：系统设置的组合价格分配功能，便于企业级别简单明了更换/更新预定义的组合价格子目，便于个项目直接套用标准套价模板。

工程测算系统基础数据前期是由 RIB 技术人员进行编写，后期调研用户的具体需求后，进行优化，不同客户可根据自身情况定制规则；不同企业用户的规则存在差异，在后期算量计价模块中，仅介绍共性使用方法，个性化的操作需要根据实际情况进行探索。

二、线下预处理工作

iTWO 平台其中一个亮点是 VDC（虚拟建造）阶段，在平台通过 3D 模型，成本与计划的数据录入后，平台即可展示 5D 模拟方案，实现虚拟建造。在进行 iTWO 平台工作之前，需要对上传至平台的模型、工程量清单、施工组织计划进行预处理，形成标准化、规范化、符合算量规则及可重复使用的基础项目数据。

1. 数字化模型

模型作为预建造最基本的数据源，它的规范化要求非常关键。首先要保证图纸与模型的一致性，并加入算量计价所需的各类属性，从而保证算量的准确性。同时，也要录入全专业、各阶段所需的项目信息用于区分模型构件的施工区域，以达到预建造模拟的最佳效果。只要建立并不断完善标准的建模规范与制度，以后展开项目 3D 建模将事半功倍。

建议项目开展初期阶段，建立一套具有企业特色的建模规范，满足平台实施要求（图 3.2.3-21）。

图 3.2.3-21　模型构件属性

（1）搭建项目模型——以 Revit 为例

① 根据项目体量大小，采用分专业、分楼层的方式搭建项目模型；

② 模型中所使用的族，需满足算量计价的要求；

③ 模型内各构件信息需全面，规范化录入；

④ 模型含有施工作业信息（区域信息、楼层信息、位置信息、流水段信息）、施工变更信息（原始模型、变更状态、变更单号）及设备类构件还需包括产品维护信息（产品寿命、维保电话、生产厂家等）；

⑤ 按施工组织中的划分区域拆分模型构件，下图以不同颜色表示不同施工流水段区域（图 3.2.3-22）。

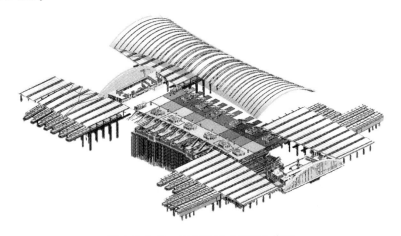

图 3.2.3-22　按施工流水段拆分模型

（2）模型优化处理

① 清理模型内未使用项及图纸链接（图 3.2.3-23）；

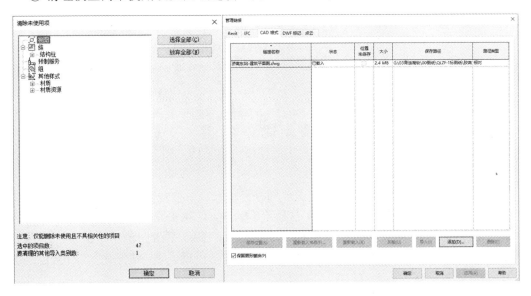

图 3.2.3-23　清理未使用项及管理链接

清除模型内未使用项："管理"面板——"清除未使用项"工具，将本项目未使用的族选中，点击"确定"，进行清除。

清除图纸链接："管理"面板——"管理链接"工具，选中加载到项目中的 CAD 图纸及不需要导出的 Revit 模型，进行清理。

② 删除多余的三维视图；

在"项目浏览器"对话框中，删除多余的三维视图（图 3.2.3-24）。

③ 确保需要导出的构件在三维视图中全部显示（图 3.2.3-25）。

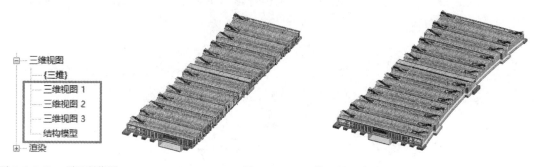

图 3.2.3-24　项目浏览器　　　　　　　　　图 3.2.3-25　模型需要完全显示

（3）通过 CPI 导出插件，导出"∗.cpixml"文件。

① 附加模块 —"RIB iTWO"—"RIB iTWO CPI 导出"（图 3.2.3-27、图 3.2.3-28）；

图 3.2.3-26　附加模块　　　　　　　　　图 3.2.3-27　RIB iTWO 插件

② 设置导出文件的存放位置及文件名（图 3.2.3-28）；

③ 在"数据结构"栏中勾选需要导出的模型数据结构（图 3.2.3-29）；

④ 导出"∗.cpixml"文件

2. 工程量清单

目前，各企业、各项目、各专业工程量清单混杂，结构多变，且细度不足，我们可通过插件"BoQ Converter"整理清单结构，以达到与 iTWO 平台内清单结构匹配的目的。建议企业内部形成一套标准化工程量清单结构，不仅可以做到规范化管理，也可以在其他项目中进行重复使用。

下面所述为根据企业已有清单进行格式处理，当然，我们也可在平台内直接建立工程量清单。

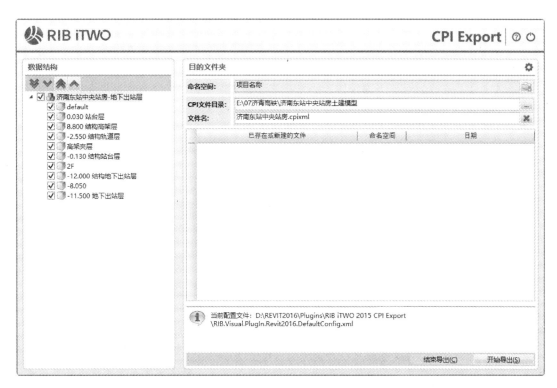

图 3.2.3-28 CPI Export

图 3.2.3-29 数据结构

（1）工程量清单预处理

① 按专业拆分工程量清单表格（图 3.2.3-30）；

② 将工程量清单表头整合为一行（图 3.2.3-31、图 3.2.3-32）；

	A	B	C	D	E	F
1	序号	项目编码	项目名称	项目特征描述	计量单位	工程里
2	00		土建分部分项			
3	01		站房土石方工程			
4	01.01	010101001001	平整场地	1、土壤类别：踏勘现场后自行考虑 2、弃土运距：踏勘现场后自行考虑 3、取土运距：踏勘现场后自行考虑 4、其他应施工内容	m²	11076.8
5	01.02	010101002001	挖一般土方	1、土壤类别：踏勘现场后自行考虑 2、挖土深度：见设计图纸 3、挖土装卸、运输：自行考虑 4、打钎拍底：打钎拍底 5、其他应施工内容	m³	59996.79
6	01.03	010103001001	回填方	1、土质要求：回填素土 2、密实度要求：满足设计及施工规范要求 3、粒径要求：满足设计及施工规范要求 4、夯填（碾压）：碾压 5、运输距离：自行考虑	m³	34471.17
7	01.04	010103004001	竣工清理	1.名称:竣工清理	m³	79836.6
8	01.05	010515001001	现浇构件钢筋	1.钢筋种类、规格:圆钢筋φ8	t	18.96
9	01.06	010202009001	喷射混凝土、水泥砂浆	1.部位:见设计图纸 2.厚度:100 3.材料种类:商砼 4.混凝土（砂浆）类别、强度等级:C20	m²	4000
10	01.07	011705001001	大型机械设备进出场及安拆	1.机械设备名称:履带推土机场 2.机械设备规格型号:75kW	台次	2

土建　暖通　给排水　电气　导标　支吊架　＋

图 3.2.3-30　分专业拆分清单

<table>
<tr><td colspan="8" align="center">工程量清单计价表</td></tr>
<tr><td></td><td></td><td></td><td></td><td></td><td></td><td colspan="2" align="center">金额（元）</td></tr>
<tr><td>编码</td><td>节号</td><td>名称</td><td>项目特征</td><td>计量
单位</td><td>工程数量</td><td>综合单价</td><td>合价</td></tr>
</table>

图 3.2.3-31　原清单表头

38

序号	项目编码	项目名称	项目特征描述	计量单位	工程量	综合单价	合价

图 3.2.3-32 所需清单表头

③ 添加分部分项级别（图 3.2.3-33）；

序号	项目编码	项目名称	项目特征描述	计量单位	工程量
00		土建分部分项			
01		站房土石方工程			
01.01	010101001001	平整场地	1、土壤类别：踏勘现场后自行考虑 2、弃土运距：踏勘现场后自行考虑 3、取土运距：踏勘现场后自行考虑 4、其他应施工内容	m²	11076.8

图 3.2.3-33 添加土建分部分项级别

④ 删除无用分项条目；

⑤ 设置参考编码，便于在清单插件中进行分级（图 3.2.3-34）。

03		站房钢筋混凝土工程			
03.01		钢筋混凝土工程			
03.01.01	010502001001	矩形柱	1、柱类型：矩形柱 2、柱截面：见设计图纸 3、混凝土强度等级：商混C35 4、混凝土拌合料要求：满足设计、施工规范及预拌混凝土的要求	m³	1557
03.01.02	010503002001	矩形梁	1、矩形梁名称：矩形梁 2、矩形梁截面：见设计图纸 3、混凝土强度等级：C35 商混 4、混凝土拌合料要求：满足设计、施工规范及预拌混凝土的要求	m³	2608
03.01.03	010505001001	有梁板	1、板部位：顶板 2、板厚度：见设计图纸 3、混凝土强度等级：C35 商混 4、混凝土拌合料要求：满足设计、施工规范及预拌混凝土的要求	m³	1286
03.01.04	010503006001	弧形、拱形梁	1、梁名称：弧形、拱形梁 2、梁截面：见设计图纸 3、混凝土强度等级：C35 商混 4、混凝土拌合料要求：满足设计、施工规范及预拌混凝土的要求	m³	22
03.01.05	010504001001	直形墙	1、墙名称：直行墙 2、墙部位：见设计图纸 3、直行墙截面：见设计图纸 4、混凝土强度等级：C35 商混 5、混凝土拌合料要求：满足设计、施工规范及预拌混凝土的要求	m³	424.65

图 3.2.3-34 编制参考编码

　　注：工程量清单应为 ".xls" 的 Excel 文件，各专业的清单为文件中一个独立的工作表。清单处理完成后，保存至本地，后期将在 iTWO 4.0 平台中导入工程量清单时使用。

3. 施工组织计划

施工组织计划根据项目的不同、工期的要求以及施工工法的需要会有较大差异，无法定制标准化的施工组织计划，但在 5D 虚拟建造过程中，施工组织计划需要与模型、工程量清单以及平台内相关内容进行一一匹配，为了更好的展现预建造模拟过程，需要提前优化施工组织计划。

（1）施工组织计划搭建

① 需提交以"Microsoft Project"软件创建或可用此软件打开的施工组织文件。

② 根据项目实际施工作业周期，设计日历工作制（图 3.2.3-35）；

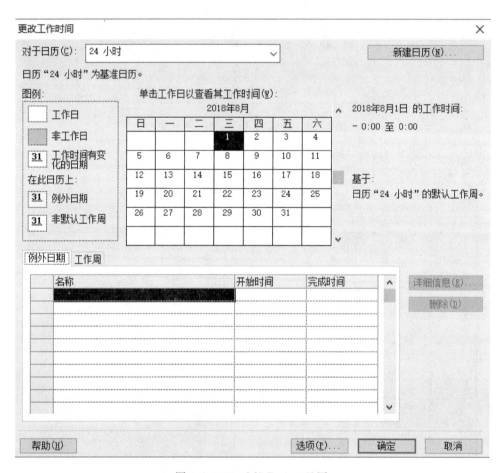

图 3.2.3-35　MS Project 日历

③ 设置计划条目间的紧前紧后关系（图 3.2.3-36）；

④ 按施工流水段细化施工条目（图 3.2.3-37）。

（2）施工组织计划导出

由 Microsoft Project 导出"∗.xml"格式施工组织文本（图 3.2.3-38）。

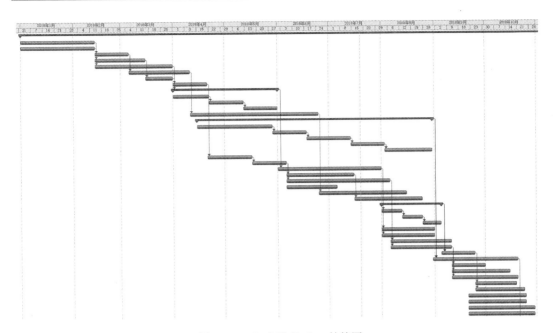

图 3.2.3-36 MS Project 甘特图

站房及相关工程	417 个工作日
地下通廊结构施工	44 个工作日
东站房±0.0以下结构施工	44 个工作日
雨棚基础土方开挖	20 个工作日
东站房南北两侧独立基础及框架柱施工	30 个工作日
高架站房南北两侧独立基础施工	46 个工作日
雨棚基础施工	36 个工作日
土方回填	16 个工作日
东站房4.400m一层夹层结构施工	20 个工作日
高架站房高架层结构施工	181 个工作日
B区	21 个工作日
A区	20 个工作日
C区	20 个工作日
E区	20 个工作日
D区	20 个工作日
F区	20 个工作日
H区	20 个工作日
G区	20 个工作日
I区	20 个工作日
有柱雨棚施工	75 个工作日
西站房结构施工	138 个工作日
西站房±0.0以下结构施工	44 个工作日
西站房4.400m一层夹层结构施工	20 个工作日
西站房8.900m高架层结构施工	26 个工作日
西站房15.800m高架夹层结构施工	20 个工作日
西站房二次结构施工	28 个工作日

图 3.2.3-37 施工组织按流水段细化

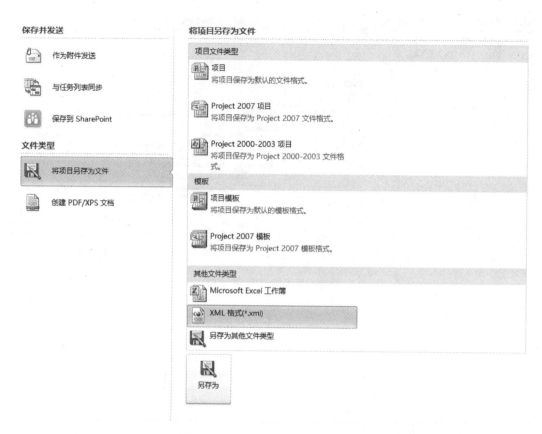

图 3.2.3-38　MS Project 导出 XML

注：施工组织处理完成后，保存至本地，后期将在 iTWO 4.0 平台中导入施工组织计划时使用。

第4章 iTWO 4.0工作界面

"读万卷书、行万里路"，学习和掌握iTWO最好的方法就是动手实践。通过本书的学习和不断深入，相信您一定能够很好地掌握平台主要模块的基本操作并深入理解5DBIM虚拟建造在实际项目中的意义。接下来让我们扬帆起航，共同探索精彩的iTWO世界。

以下分别从平台登录、平台基本工作界面开始介绍。

4.1 iTWO 4.0平台登录

（1）在浏览器中输入iTWO 4.0平台登录网址，在登录界面中输入用户名及密码，见图4.1-1。

图4.1-1 账户登录窗口

> 注：用户名不区分英文大小写，但密码区分英文大小写。

（2）在设置对话框中设置语言、公司、角色等，然后点击"继续"进入主工作界面，见图4.1-2。

【用户界面语言】

在整个iTWO4.0平台中界面显示的语言。

【数据语言】

在平台操作中，平台判定输入数据的语言种类。iTWO平台支持绝大多数语言体系，为全球项目集成打下基础。

【角色】

选择此次登录账户在平台中的角色分类，如管理员、用户等，可自定义设置。因为不同的角色所分配的权限有所不同，所以登录平台后，请立刻进行选择。

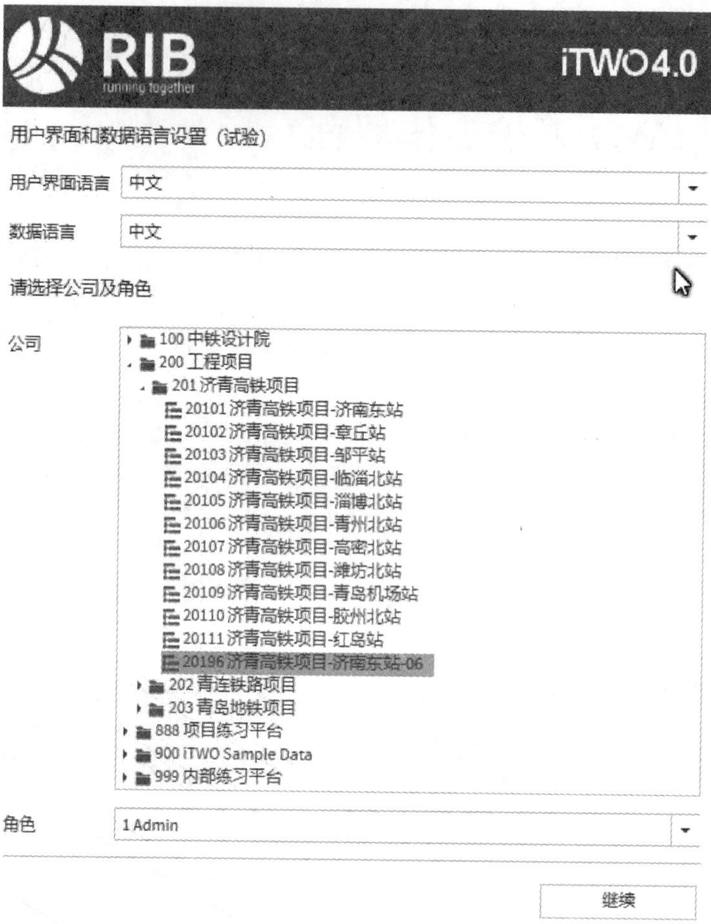

图 4.1-2　公司及用户语言设置窗口

对于同部门用户或跨部门用户，平台都可以基于一个用户建立多个角色，实现角色切换，进行数据管理。确保不同企业架构的数据安全性与便利性。便于从基层用户权限到集团高级管理用户权限的维度与从业务优先级别的维度，双向灵活设置授权。

【公司】

将根据账户权限列出此账户能看到的企业架构。便于企业根据组织架构进行汇总数据，以及阶梯式管理用户授权。

4.2　iTWO 4.0 基本工作界面

由于 iTWO 4.0 是以网页端为基础的云平台，在实际应用中，界面跳转比较频繁，所以我们先给大家介绍一下平台的主要应用界面。

iTWO4.0 包括两大基本界面，工作区界面和管理区界面。"工作区"与"管理区"两大界面，分别管理项目数据搭建时所需的业务数据搭接与基础数据配置。这两个功能界面都能通过快捷的功能栏或热键调用，界面采用扁平化的设计理念。界面设计有以下优点：

（1）去除冗余、厚重的装饰效果，可以让"信息"本身重新作为核心被凸显出来。同时在设计元素上，则强调了抽象、极简和符号化。

（2）更少的按钮和选项，这样使得用户界面变得更加干净整齐，使用起来格外简洁，从而带给用户更好的操作体验。

4.2.1　工作区——业务界面

iTWO 4.0 的"工作区"界面从项目管理的角度出发，设置项目、企业、采购、销售、预制件生产规划、预制件运输管理等功能分区，如在项目分区内设置【项目】、【模型】、【工程测算系统实例】、【工程计价】和【进度计划】等模块，这些模块有机结合在一起，共同生成项目的 5DBIM 虚拟建造；同时，设置了覆盖招采流程的【采购分包】、【报价】、【价格对比】、【合同】、【账单】等模块；此外，针对不同角色的平台用户，更提供了为总/分承包使用的【合同】，【工程量审核】，【请款】模块。平台提供全方位的功能模块，协助不同角色背景的用户并肩前行，管理项目。后面的章节会对以上模块进行功能与操作方面的详细阐述，见图 4.2.1-1。

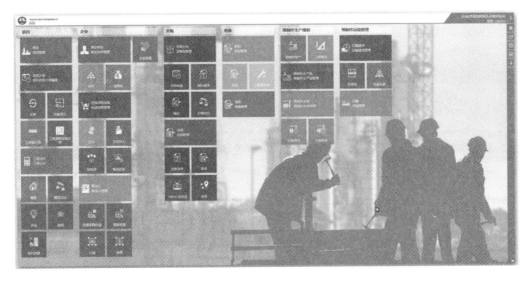

图 4.2.1-1　工作区界面

除此之外，基于 RIB 集团旗下 PPS——装配式排产产能管理平台，当前已经进入云平台整合阶段。以后，iTWO4.0 将会基于建造过程，拓展更深更细的流程模块。

在工作区，可以进入各业务模块进行操作，在下一章将进行详细阐述。在"工作区"，我们可以灵活转换公司，语言等。单击主界面的右上角【选项】
工具，可对整个平台的显示外观、使用语言及选择公司/角色，退出登录等进行设置，见图 4.2.1-2。

在【用户设置】对话框中，可以进行通用性及个性化设置，"UI 品牌（系统）"和"UI 品牌（用户）"这两个面板所设置内容相同，都是对界面的显示颜色、图标颜色、背景图片及侧边栏放置位置进行设置。但显示范围有所不同，"UI 品牌（系统）"是针

设置

公司/角色选择

文档

退出

关于

图 4.2.1-2　选项菜单

对当前公司有效，无论是哪个账户登录，若不激活个性化设置，都是以系统设置为准。"UI 品牌（用户）"是对当前公司的当前账号有效，所以在进行此面板设置时，需首先勾选"激活设置"，设置界面显示以用户设置为准后再进行个性化设置，否则遵从系统的界面设置，见图 4.2.1-3。

图 4.2.1-3　用户设置对话框

在"语言"栏中，我们可以重新设置"用户界面语言"和"用户数据语言"。

【公司/角色选择】

可重新设置进入的公司及使用的角色，见图 4.2.1-4。

【文档】

选项可以打开平台的帮助文件。

【退出】

选项将退出正在使用账号，回到登录界面，重新登录。

【关于】

选项用于查看平台的安装的版本号及安装日期等信息，见图 4.2.1-5。

　注：本书以版本号为 2.0.0 的 iTWO4.0 平台为基础进行介绍，随着后续平台完善，将会有新版本持续更新。

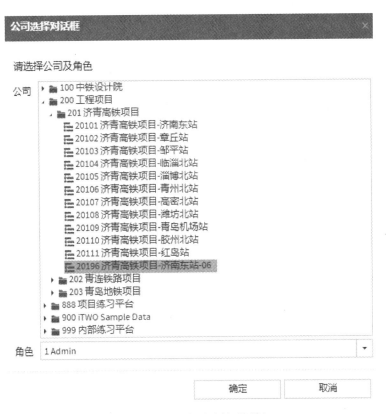

图 4.2.1-4 公司选择对话框

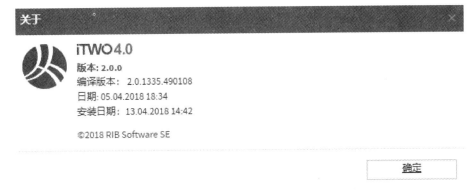

图 4.2.1-5 平台版本信息

4.2.2 管理区——配置界面

iTWO 4.0 是企业级管理平台，企业标准数据尤其重要。只要将企业总部制定的成本结构，材料分类结构，供应商框架，企业流程搭建等大方向搭建好，旗下各项目就能基于企业指定的结构，快速搭建数据。从而能够加快实现企业标准化管理、项目高效运行、统一把控的目标。

管理区界面从企业级管理的角度出发，设置基础数据、配置、管理、用户管理等后台管控类模块，比如【公司】，【定额库】，【工程测算系统基础数据】，【日历】，【用户】，【角色】等，覆盖企业级管理的多项需求，见图 4.2.2。

图 4.2.2　管理区界面

4.2.3　侧边栏——导航界面

在平台使用过程中，除两大基本界面外，还有一块区域用于整合快捷功能按钮，这就是侧面栏。侧边栏一般放置在平台界面的右侧，见图 4.2.3-1。

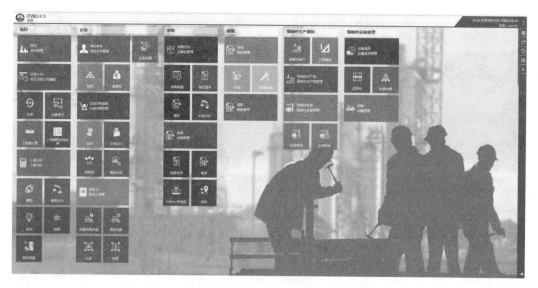

图 4.2.3-1　侧边栏

侧边栏默认固定在平台界面的右侧，也可以通过界面右上角的【选项】工具设置其显示颜色及停靠位置。侧边栏主要放置在当前工作区内常用的功能热键，以及当前模块所特有的服务项，方便快速访问、模块灵活跳转及外部文档的导入导出等，见图 4.2.3-2。

根据工作界面的不同，侧边栏提供的工具也会有所不同，一般包含：

【快速启动】可以快速跳转到工作区界面、管理区界面及其他常用模块。

【收藏夹】可收藏用户常用项目用以方便后期快速访问。

【搜索】可帮助用户快速定位相关数据。首先通过"设置"，设置显示条目的多少，然后在搜索栏中输入关键字（项目编码或项目名称），搜索项目。

【筛选模型构件】可帮助用户快速筛选相关模型构件。

【报表】通过报表功能可生成不同类型报表。针对不同模块，对应的报表类型也不同。

【历史记录】记录登录账户最近操作的模块、时间及相关条目等，方便问题追溯。

图 4.2.3-2　侧边栏工具展示

【向导】针对不同模块，提供不同的详细功能。如模型、工程量清单、进度计划等外部资料导入及向其他模块数据传递等工作。

【工作流】通过激活工作流，可以完成一系列工作流程，如当模型通过审核时变更模型状态等。

4.2.4　模块界面布局与简介

iTWO4.0平台具备很多模块，为了便于不同用户操作，平台提供基于用户或系统级别的界面灵活调整功能。例如：

1. 视图管理

以济青高铁项目中济南东站项目的项目模块为例，基本的工作界面见图4.2.4-1。

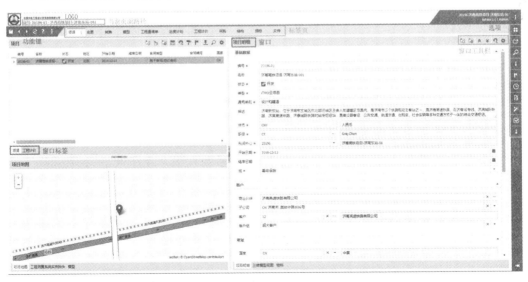

图 4.2.4-1　模块界面布局与简介

iTWO 4.0的视图布局灵活多变，我们可以根据需要自定义 iTWO 4.0的页面窗口，

图 4.2.4-2　编辑视图

并将编辑好的页面窗口保存为固定视图，方便以后调用。

（1）单击标签页的【选项】项目 工具，选择"编辑视图"，见图 4.2.4-2。

（2）在弹出的【布局管理】对话框中，左侧可选择当前界面的布局形式，在标签窗口区域点击下拉工具，从中选择需要添加的窗口，或点击删除工具，删除不需要的窗口，点击"确定"，见图 4.2.4-3。

（3）编辑好视图后，可以保存视图模板，方便以后调用。单击标签页的【选项】项目 工具，选择【保存视图】。在弹出的【保存】对话框中，定义视图名称、设置使用权限，点击确定，见图 4.2.4-4。

2. 表格列分布管理

除此之外，我们还可以编辑调整窗口列标题。在窗口工具栏中，单击【表格配置】工具。在弹出的【表格配置】 对话框中，通过 添加删除列标题，通过 上移、下移、置顶、置底列标题操作，见图 4.2.4-5。

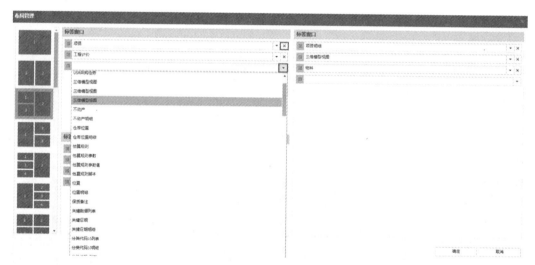

图 4.2.4-3　布局管理

图 4.2.4-4　保存视图

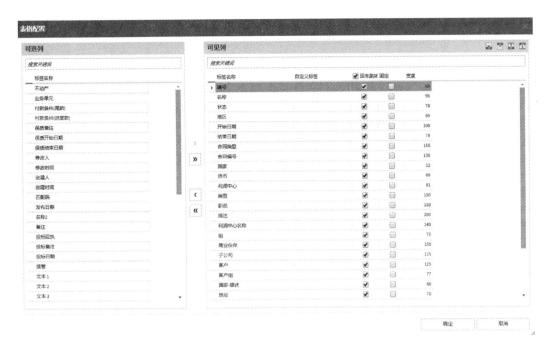

图 4.2.4-5 表格配置

目前，我们已经介绍了 iTWO 4.0 平台的主要操作界面，在下面的章节中，我们会从 iTWO 4.0 平台在项目预建造阶段和施工阶段两个方面详细介绍模块的使用功能及操作流程。

第5章　5D BIM 虚拟建造

虚拟建造简称 VC，是英文 Virtual Construction 的缩写。根据工程项目的建设流程，结合 BIM 技术的应用价值，在设计阶段与施工阶段之间引入虚拟建造阶段的 BIM 协同应用，用于设计与施工的衔接，做到"先试后建"，以提高工程项目的设计、施工管理效率。

众所周知，三维的 BIM 模型带来的实际价值相当有限，如何在三维模型的基础上展开深化应用，已成为目前许多 BIM 应用单位所面临的重要问题。对此，德国 RIB 集团使用 5D BIM 的概念：在 3D BIM 模型的基础上，融入时间信息与造价成本，形成由 3D（实体模型）＋1D（进度）＋1D（造价）的五维建筑信息模型。[8]

5D BIM 虚拟建造能模拟整个施工项目的建造流程，帮助用户在实际施工时简单高效地管理项目，优化工程进度，完成各种资源的提前部署，使得整个施工过程处于可控状态，更有效地识别以及解决潜在风险，从而避免对建筑项目造成任何实质性的影响。

下面，我们将从 iTWO 4.0 平台的模型模块、算量计价模块及进度模块开始讲解，直至形成 5D BIM 虚拟建造。

5.1　iTWO 4.0 项目立项

本章主要讲述在 iTWO 4.0 平台中的项目创建与管理。

内容主要包括：创建项目、完善项目信息。

5.1.1　项目创建流程

项目模块主要流程见图 5.1.1。

图 5.1.1　项目模块主要流程

在项目模块中，可以看到在该公司内的所有项目，进行多项目之间的比对，使管理人员实时掌控项目更新情况。在该模块中，可设置项目详细信息，如地图信息、项目职员等。

5.1.2　新建项目

（1）在工作区界面，点击【项目】进入项目模块，见图 5.1.2-1。

（2）以创建济南东站项目为例，点击【项目】窗口中的【新建记录】 工具，在弹出的新建项目对话框中设置项目信息。然后按【确定】生成新项目，见图 5.1.2-2。

【编号】：命名唯一的项目编号。

【名称】：命名唯一的项目名称。

【通用类别】、【组别】：根据项目分类，进行选择。

图 5.1.2-1　通过工作区进入项目模块

图 5.1.2-2　创建项目条目

【利润中心】：项目所属公司位置。

【职员】：项目平台负责人。

【资产管理】：选择项目的资产管理方式。

（3）选中新创建的济南东站项目条目，点击【保存】 工具，确认项目保存，且输入信息无误。选中创建的条目，单击【锁定记录】 工具，钉选该条目，之后的操作基于此项目进行，见图 5.1.2-3。

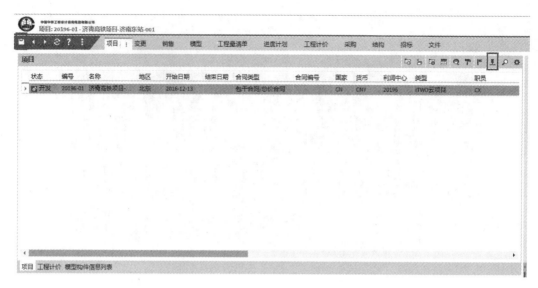

图 5.1.2-3　保存项目条目

5.1.3　项目信息完善及保存

（1）在项目创建完成后，还可以在右侧的【项目明细】窗口中查看或补充项目其他信息，例如完善济南东站项目信息，见图 5.1.3-1。

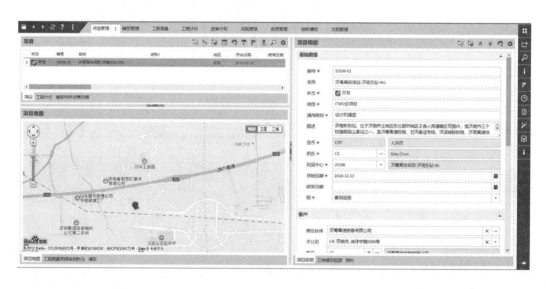

图 5.1.3-1　完善项目详细信息

（2）"基础数据"栏中，"描述"填写项目的基础信息；"开始日期"、"结束日期"填写项目的开始结束日期。

（3）"客户"栏中，填写业主方的详细信息（需在后台商业伙伴中建立相应客户信息）。

（4）"地址"栏中，输入项目所在的地址信息及联系方式，地址信息既可以手动输入，也可以使用【选择地点】 按钮在地图上点选，地址设定好后，会在项目地图中标记项目所在地。如下图，输入济南东站地址信息，见图 5.1.3-2。

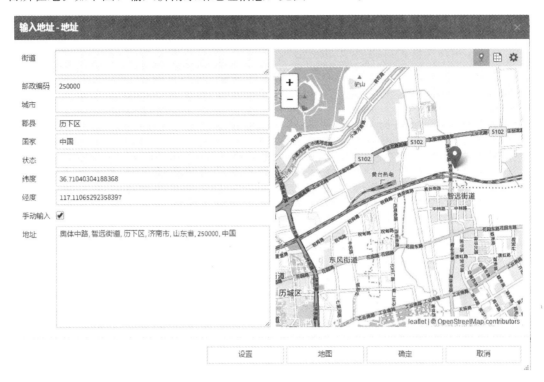

图 5.1.3-2 输入地址对话框

（5）"设置"栏中，设置项目所使用的日历，这类信息设置与后面的进度计划模块有关，详见进度计划模块的讲解。

（6）"历史记录"栏中，平台自动记录项目的创建时间及最近的修改时间。

5.2 iTWO 4.0 模型应用

本章主要讲述在 iTWO 4.0 平台中的模型管理。

内容主要包括：建立模型条目、导入模型文件、进行模型浏览、进行模型筛选、模型信息查看与修改、模型发布。

5.2.1 模型应用流程

模型模块主要流程见图 5.2.1。

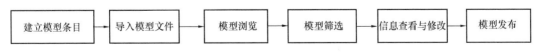

图 5.2.1 模型模块主要流程

　　模型模块是负责在 iTWO 4.0 中所有与模型有关的操作，比如模型的上传与浏览、模型属性查看等。因为后期的算量计价、进度模拟等工作都是在模型的基础上进行的，所以模型模块是整个 5D BIM 实施的基础模块。目前，iTWO 4.0 支持由不同设计软件创建的标准 3D 模型无缝导入和整合，并提供高精度预览和信息属性查看。通过插件导出".cpixml"文件，可以将模型导入 iTWO 4.0 平台。模型模块可以对多版本模型进行管理，以及对多个拆分后的子模型进行自由整合，实现对大体量模型的轻量化处理。

5.2.2　建立模型条目

　　（1）在 iTWO 4.0 平台创建项目后，在【项目】窗口中，选择项目条目，按【项目】窗口工具栏上的【锁定记录】工具，将项目固定，从而设定目前是对所钉选的项目进行操作，而非其他项目，见图 5.2.2-1。

图 5.2.2-1　锁定项目

　　（2）在标签页中单击【模型】进入模型模块，见图 5.2.2-2。

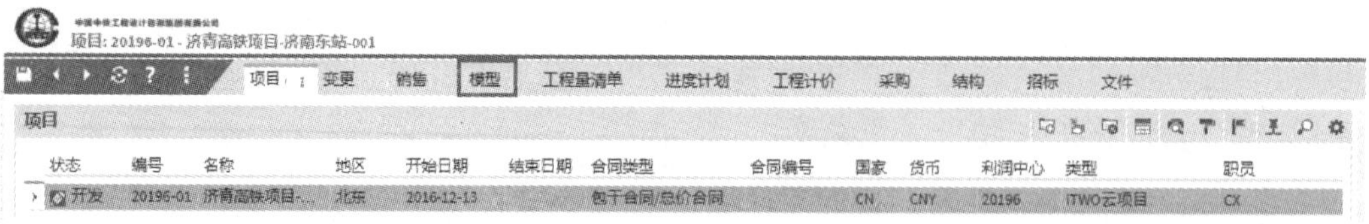

图 5.2.2-2　进入模型模块

　　（3）在【模型】窗口中，单击工具栏上的【添加模型】工具，创建模型条目。根据模型实际情况输入模型编码、模型描述、模型类型、模型精细度等信息，完成后，单击【保存】按钮，保存刚刚创建的条目，见图 5.2.2-3。

图 5.2.2-3　创建模型条目

5.2.3　导入模型文件

　　（1）单击选择创建的模型条目，单击侧边栏【向导】，选择"新建模型文件"，见图 5.2.3-1。

　　（2）在弹出的【新建模型文件】对话框中，单击选择文件存档后的导入按钮，选择导出的".cpixml"模型文件,单击"确定",上传模型,见图5.2.3-2。

(3)打开【模型文件】窗口,查看模型的上传状态。当显示的转换状态为循环图标,表示模型正在导入;若显示为叉号,表示模型上传失败;若显示为对勾,表示模型已经成功上传,可以开展下一步工作,见图5.2.3-3、图5.2.3-4。

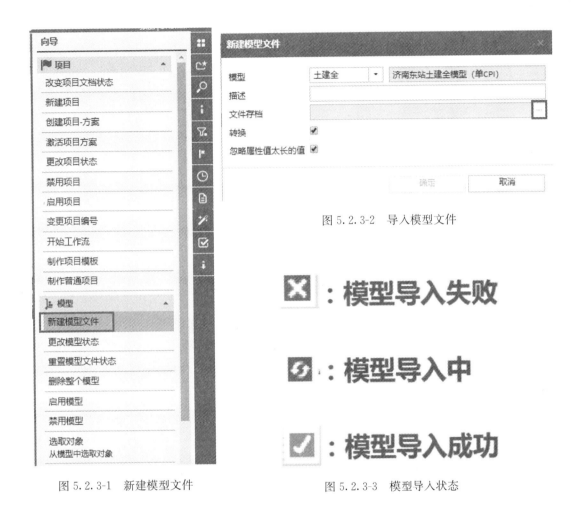

图5.2.3-2　导入模型文件

图5.2.3-1　新建模型文件

图5.2.3-3　模型导入状态

图5.2.3-4　模型上传成功

(4)如果需要分专业上传模型,可先导出各专业的".cpixml"模型文件,通过上述方式分专业上传模型,然后通过【添加复合构件模型】建立整合模型条目,在【子模型】窗口中添加需要整合的子模型条目,完成模型整合,见图5.2.3-5。

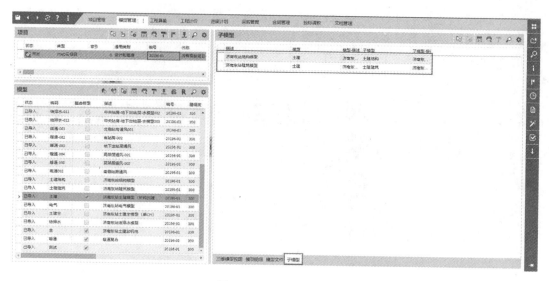

图 5.2.3-5　整合模型

5.2.4　模型浏览

（1）模型上传完成后，选中新建的模型条目，在【编码】中单击"跳转" 按钮，此时将打开【构件】、【构件属性】、【三维模型视图】及【模型构件信息列表】等窗口。

（2）在【三维模型视图】中可以配合窗口工具栏浏览查看三维模型，查看济南东站项目模型，见图 5.2.4-1。

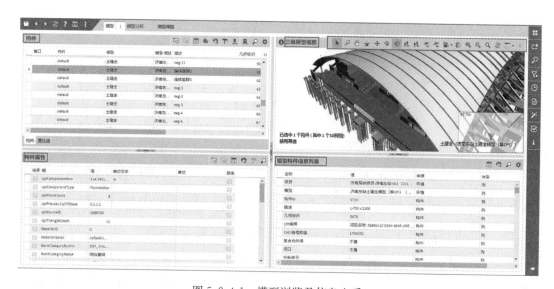

图 5.2.4-1　模型浏览及信息查看

窗口工具栏工具的详细功能：

1. 选择与剖切

【选择】：在视图中单击选择构件，被选择的构件高亮显示并且在【模型构件信息列表】中将显示对应的构件信息。

【区域选择】：在窗口中使用框选的方式选择构件。

【拖动所选构件至其他窗口】：可以单击拖动已经选择的构件至其他应用窗口，此工具在工程算量模块中，经常使用到，详见后续章节。

【修改剖切面】：将开启三个剖切面来剖切模型，鼠标左键拖动当前剖切面位置，右键激活剖切面为当前活动剖切面，通过弹出的剖切面工具列中的工具可以重置剖切面及启用剖分。

2. 视图操作

【平移】：按住鼠标左键拖动可以平移视图。

【转盘】：按住鼠标左键拖动可以旋转视图。

【翻转】：按住鼠标左键拖动可以翻转视图。

【步行】、【飞行】：在视图中实时动态漫游，查看模型。

【摄像头位置】：选择视图显示为透视图还是平行视图，以及相机位置。

【放大】、【缩小】、【适合窗口显示】：单击工具缩放模型，或者使模型充满整个窗口。

> 注：除了通过以上工具操作视图外，还可以通过鼠标直接控制视图的平移缩放等。

3. 命令触发

【刷新视图】：从服务器中重新加载模型。

【其他命令】：

选择所有：选中视图中全部构件

清除选择：取消当前选择

切换选择：反向选择

隐藏已选构件：隐藏视图中已经选中的构件。

隔离已选构件：只显示视图中已经选中的构件。

显示全部：显示全部构件。

4. 视图配置

【视图配置】 ⚙ ：弹出视图配置对话框，见图 5.2.4-2。

渲染模式：选择"客户端"时，模型加载较慢，不过质量较高；选择"服务器"时，模型加载较快，不过质量较低。

流模式：选择"加载完整模型"时，加载整个模型，需时较长；选择"根据需要加载模型部件"时，按照视图显示需求，加载该部分模型，需时较短。

> 注：如果需要快速显示模型且对显示质量要求不高时，建议选择"服务端"＋"根据需要加载模型部件"；如果对显示质量有较高要求时，建议选择"客户端"＋"加载完整模型"。

防止超时：防止因为网络的中断导致在【三维模型视图】中模型消失。

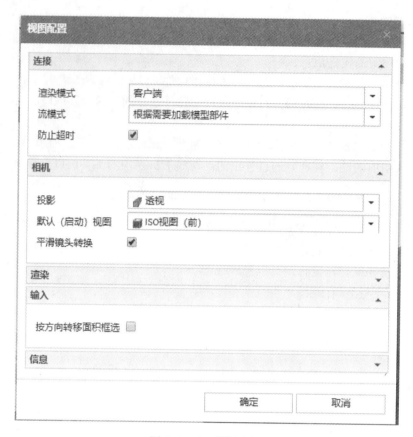

图 5.2.4-2　视图配置

5.2.5　模型筛选

（1）模型筛选分为两个步骤，首先通过侧边栏的【筛选模型构件】 ，输入条件筛选模型；然后通过【三维模型视图】的窗口工具栏中【筛选】 工具，设置视图显示。

（2）单击侧边栏的【筛选模型构件】 工具，选择【高级搜索】 ，在搜索选项中设置筛选条件，首先设置各个筛选条件之间的关系：

【匹配所有】：要求构件满足所有的筛选条件

【部分匹配】：要求构件满足其中一个筛选条件即可

【新建搜索条件集】 ：新建从属于当前条件集的条件

【新建搜索条件】 ：新建与当前条件集平行的条件

（3）在搜索条件中输入属性项及对应的属性值。例如搜索在济南东站项目中构件属性包含"柱"的模型构件，见图 5.2.5-1、图 5.2.5-2。

图 5.2.5-1　输入筛选条件

图 5.2.5-2 保存筛选条件为模板

注：可以通过【筛选模型构件】中的【另存为】按钮，以模板的形式把筛选条件保存在系统或当前账号中，以方便下次筛选。

（4）搜索条件设置完成后，单击【三维模型视图】的窗口工具栏中【筛选】图标 工具，设置视图显示为【侧栏构件筛选器】，则视图按侧边栏中的筛选条件筛选模型。选择显示方式为【仅匹配构件显示】，则视图仅显示符合筛选条件的构件，见图 5.2.5-3。

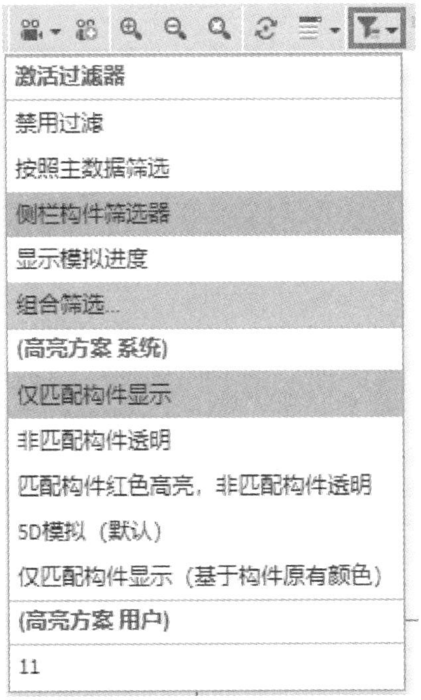

图 5.2.5-3 视图显示设置

5.2.6 信息查看与修改

（1）信息查看分为两种方式：一是在三维模型视图中选择相应构件，在【模型构件信息列表】中查看选择构件的相关信息。二是在【构件】窗口中选择构件条目，在【三维模型视图】中会高亮显示构件，在【构件属性】及【构件属性列表】中查看详细信息，见图 5.2.6-1。

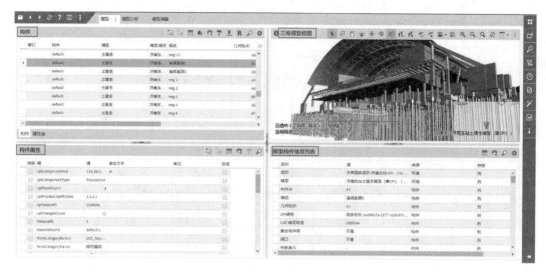

图 5.2.6-1 模型信息查看

（2）在模型模块中发现构件信息有问题时，可以在此模块中修改。点击【模型调整】标签页，在【构件】窗口中选择构件条目，在【构件属性】窗口中，修改选择构件的信息即可，见图 5.2.6-2。

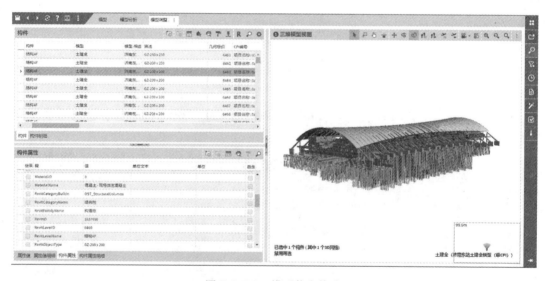

图 5.2.6-2 模型信息修改

5.2.7 模型发布

模型上传平台并且完善好属性信息后，我们可以通过侧边栏的向导工具来变更模型状态，标识模型已经可以进入到下一个环节使用，比如算量计价、进度管控等。除此之外，还可以预设工作流（预先在"工作流"模块创建相应工作流，并且在"自定义"模块找到

"模型状态",通过点击其"设置"按钮,进行相关状态转换触发工作流的设置),以发送邮件的形式告知其他模块工作人员平台内待办事项。

(1)通过侧边栏中的【快速启动】■工具回到工作区。

(2)在【项目】模块中选中项目记录,点击【模型】窗口,选中模型记录。

(3)点击侧边栏中的【向导】✎,选择【更改模型状态】,见图 5.2.7-1。

(4)在弹出窗口中,将模型状态修改为【已批准】,单击"确定",见图 5.2.7-2。

图 5.2.7-1 更改模型状态 　　　　图 5.2.7-2 已批准模型

(5)返回【模型】标签页,查看模型状态为"已批准"。表示模型已经通过审核,可以进行下一模块的使用。

5.3 iTWO 4.0 工程算量与计价

传统的工程造价业务流程是造价人员根据设计施工图,把造价所需的工程信息录入到造价软件中,进行算量计价。换句话说,设计单位提交的成果文件——施工图纸,并不能被造价单位直接应用,需要在造价软件中"翻译"成对应的工程模型,才能完成算量计价的工作，这基本上算是重复劳动。而在 iTWO 4.0 平台中，我们可以应用设计单位所提交的 BIM 模型，经过优化处理后，在算量计价模块中按照预设好的计算规则直接读取、汇总工程量和工程计价，既避免了信息的重复录入又能保证信息来源的唯一性和准确性。

除此之外，通过 iTWO 4.0 平台构成的企业级信息数据库，集成了项目各个阶段的所有信息，能够服务于从设计到使用的全过程。在这整个造价管理过程中，通过 iTWO4.0 平台中保证项目中的数据信息相互关联传递，更好的实现信息共享。在工程造价全过程管理中，运用 BIM 技术所具备的关联性、实施性，企业真正能够做到对成本的动态管理，能全面提升建筑业管理水平和核心竞争力，提高现有的工作效率，实现企业的利润最大化。

本章主要讲述在 iTWO 4.0 平台中如何实现工程算量与计价。

内容主要包括：创建工程量清单条目、工程算量、工程计价、取费及输出报表。

5.3.1　算量计价流程

算量计价模块主要流程见图 5.3.1。

图 5.3.1　算量计价模块主要流程

基于 3D 模型数据以及国家和地方的标准定额库，iTWO4.0 平台能快速且准确的进行工程算量、成本计价并生成清单，辅助企业完成招投标及施工过程中的成本计算业务。主要涉及"工程测算系统实例"和"工程计价"两大模块。

"工程测算系统实例"是平台基于"工程测算系统基础数据"的预设逻辑，进行模型构件工程量计算的模块。

"工程计价"是平台在"工程测算系统实例"模块完成工程量计算后，按工程量清单子目层级或构件层级进行成本估算的模块。此外，该模块将进行算量计价成本汇总，并实现将结果与工程量清单、进度计划、采购分包一一关联。

通过 iTWO4.0 平台内置的取费规则以及取费模板，可以更加便利地对清单与定额进行取费计价，并且以各种报表形式输出，进而进行相关的线下汇报等工作。

5.3.2　创建工程量清单条目

（1）登录 iTWO 4.0 平台后，进入【项目】模块，钉选项目，然后单击标签页【工程量清单】进入工程量清单模块。

（2）在【工程量清单】窗口中，单击【创建记录】 工具，创建清单条目，输入参考编号、纲要描述、货币种类等信息。例如，在济南东站项目中，创建一条新的工程量清单条目，见图 5.3.2-1。

（3）创建工程量清单内容有三种方法：手动创建、从清单库中复制以及通过清单编辑器上传工程量清单。下面将详细介绍：

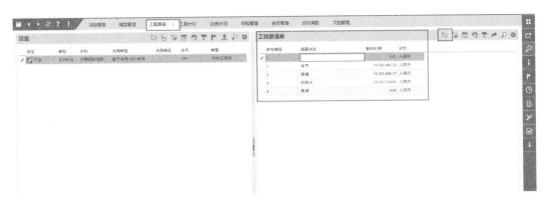

图 5.3.2-1 创建清单条目

1）方法一：手动创建工程量清单

① 创建清单条目后，单击参考编号中的"跳转" <img>按钮，进入【清单结构】窗口，见图 5.3.2-2。

图 5.3.2-2 跳转按钮

② 通过【清单结构】窗口工具栏，可以根据清单层级创建分部，子分部以及记录，手动创建清单。然后设置清单子目的纲要叙述、单位等信息明细，见图 5.3.2-3。

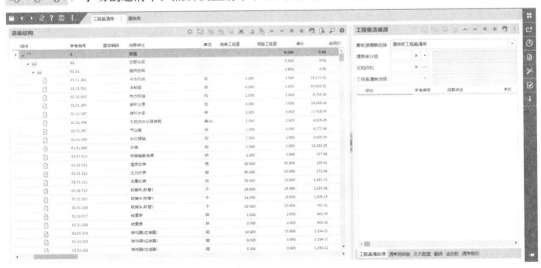

图 5.3.2-3 手动创建清单

2）方法二：从清单库中复制工程量清单

同上节方法，创建好清单条目后，单击参考编号中的"跳转" <img>按钮，打开【清单结构】窗口和【工程量清单源】窗口。在【工程量清单源】窗口中，选择需复制的参考清单或标准化清单的存放位置，然后系统将展现所选清单信息，选中具体条目，左键按下拖动至【清单结构】窗口对应层级即可，见图 5.3.2-4。

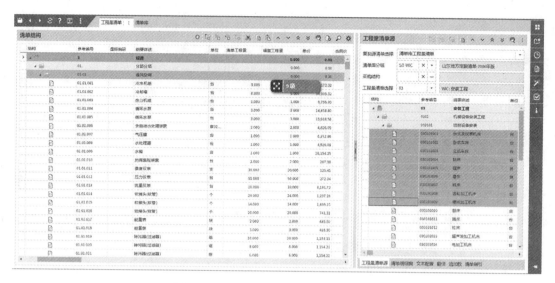

图 5.3.2-4　从清单库中复制工程量清单

　　注：被拖拉的数据源清单层级所包含的层级数，不能多于当前项目清单目标层级的层级数。

　　3）方法三：通过清单编辑器上传工程量清单

　　① 首先需要在本地安装清单编辑器程序，双击打开安装文件"BoQ Converter. msi"，安装程序。然后双击打开清单编辑器，见图 5.3.2-5。

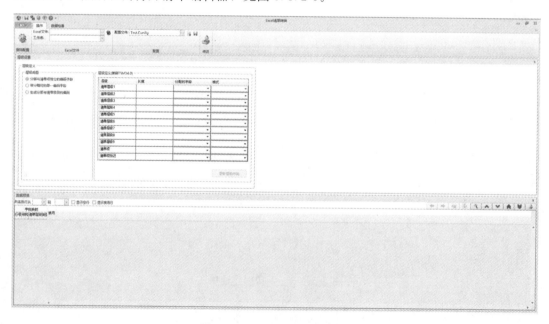

图 5.3.2-5　清单编辑器界面

　　② 单击【登录匹配】设置路径及账号密码，见图 5.3.2-6。

图 5.3.2-6　登录设置

注：路径为 RIB 公司部署平台时设置，账号及密码与登录 iTWO4.0 平台的账号密码相同。

③ 将处理完善的工程量清单导入编辑器内，在"Excel 文件"中选择本地清单，在"工作表"中选择对应的清单工作表。例如，导入济南东站工程量清单后，在清单编辑器里进行处理，见图 5.3.2-7。

图 5.3.2-7　本地清单导入

④ 设置清单列标题，在"数据预览"窗口中设置列名称行从"1"到"1"，即第一列为清单的标题列，见图 5.3.2-8。

行号	结构	清单层级类型	序号	项目编码	项目名称	项目特征描述	计量单位	工程量	Spa
3		清单项	01		站房土石方工程		m²		
4		清单项	01.01	010101001001	平整场地	1. 土壤类别：踏勘现场后；2. 弃土运距：踏勘现场后；3. 取土运距：踏勘现场后；4. 其他应施工内容	m²	11076.8	
5		清单项	01.02	010101002001	挖一般土方	1. 土壤类别：踏勘现场后；2. 挖土深度：见设计图纸；3. 挖土装卸、运输：自行；4. 打杆拍底：打杆拍底；5. 其他应施工内容	m³	59996.79	
6		清单项	01.03	010103001001	回填方	1. 土质要求：回填素土；2. 密实度要求：满足设计；3. 粒径要求：满足设计要求；4. 夯填（碾压）：碾压；5. 运输距离：自行考虑	m³	34471.17	
7		清单项	01.04	010103004001	竣工清理	1.名称竣工清理	m³	79836.6	
8		清单项	01.05	010515001001	现浇构件钢筋	1.钢筋种类、规格：圆钢筋φ	t	18.96	

图 5.3.2-8　设置列标题

⑤ 在【层级定义】窗口中，将层级类型设置为"带分隔符的单一编码"，然后将"分配的字段"设置为"序号"，"分隔符"设置为"."。即以"序号"列中的分隔符"."为清单层级的划分依据。输入清单层级长度，然后单击"更新层级结构"，则编辑器将自动将清单划分层级。

⑥ 在准备阶段对工程量清单进行预处理时，建议对序号列编制代码格式为01.01.001，用于与平台内参考编码的格式进行匹配，以及清单编辑器内层级的划分。层级划分时，需要设置长度和分隔符，对于建议的格式，以"."作为分隔符，长度分别为2、4、3，其中（01/.01./001）"01"代表2字符长度，".01."代表4字符长度，"001"代表3字符长度。需增加层级时，以层级划分格式类推长度，见图5.3.2-9。

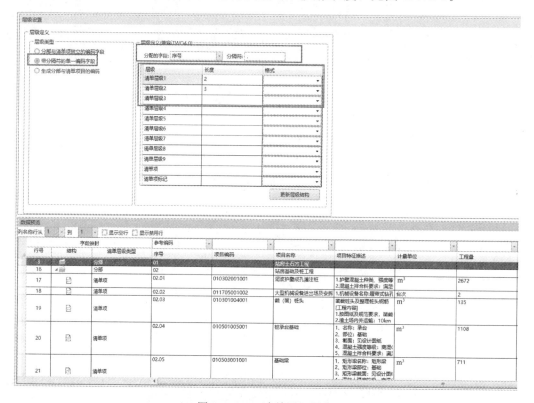

图 5.3.2-9　清单层级划分

⑦ 回到【数据预览】窗口，设置【字段映射】行，将清单中的列标题与iTWO4.0中工程量清单列标题一一对应，见图5.3.2-10。

图 5.3.2-10　清单列标题对应

⑧ 单击【传送】 工具，将工程清单上传到 iTWO 4.0 平台中，在弹出的【传送到 iTWO 4.0】对话框中设置清单描述及清单传送到的公司编码、项目编码等，见图5.3.2-11。

图 5.3.2-11 清单传送至平台

⑨ 弹出【结果】对话框，显示上传结果，见图 5.3.2-12。

图 5.3.2-12 提示上传结果

⑩ 导入成功后，将在对应的项目工程量清单模块中生成新清单条目。登录平台进行

查看。

⑪ 登录 iTWO 4.0 平台，在【工程量清单】模块中查看导入的清单，在【分项类型】列中根据清单结构设置导入清单的结构层级为"分部分项工程量清单"、"措施项目"、"其他项目"、"规费"、"税金"。

5.3.3　工程算量—工程测算系统实例

工程算量主要流程见图 5.3.3-1。

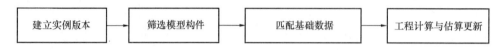

图 5.3.3-1　工程算量主要流程

（1）登录 iTWO 4.0 平台后，进入【项目】模块，钉选项目，然后单击标签页【工程计价】，打开【项目】、【工程计价】和【工程测算系统实例抬头】窗口，见图 5.3.3-2。

图 5.3.3-2　工程计价与工程测算系统实例窗口

（2）点击【工程计价】窗口工具栏中的【新建记录】 工具，创建一个估算版本，填写"编码""描述"与"估算类型"，见图 5.3.3-3。

图 5.3.3-3　创建估算版本

注：iTWO4.0可建立多个估算版本，"估算类型"可定义多种版本。

（3）因为"工程测算系统实例抬头"中，将引用相关模型、估算和计划中的条目进行不同成本分析，所以应先建立模型、估算和进度计划条目，在上几个章节中，我们已经创建好模型和估算条目，下面讲一下创建进度计划条目。

（4）单击【进度计划】标签页，在【进度计划】窗口中用以上类似方法创建新的进度计划条目，保存成功后回到【工程计价】模块，见图5.3.3-4。

图 5.3.3-4　创建进度计划条目

（5）在【工程测算系统实例抬头】窗口中，使用其窗口工具栏的【新建记录】 工具，创建一个测算实例版本，填写"编码""描述""QTO语言"及实例所关联的模型版本、估算版本及进度版本。然后单击"编码"中的"跳转" 按钮，进入实例模块中（图5.3.3-5）。

图 5.3.3-5　创建测算实例

注："工程测算系统实例抬头"为每一个算量版本的编码指引。可以查看该实例引用的模型、估算和计划版本。

【工程测算系统实例】模块中主要包括【三维模型视图】【模型构件信息列表】【实例】【脚本结果-工程子目】【工程测算系统主数据】【工程量清单】六个窗口，见图5.3.3-6。

【工程测算系统实例】模块窗口介绍：

【三维模型视图】：查看、选择模型构件。

【模型构件信息列表】：在【三维模型视图】窗口中点击模型构件后，从中查看所选构件属性。

【工程测算系统主数据】：点击基础数据，从中选择计算规则，拖入【实例】窗口中，定义算量及套价等逻辑。

图 5.3.3-6　工程测算系统实例窗口

【工程量清单】：点击选择清单子目，在【实例】窗口将计算实例与清单子目匹配。

【实例】：根据所选的模型与基础数据，生成实例，并计算结果。

【脚本结果-工程子目】：查看算量结果。

5.3.4　工程算量—举例说明

下面，我们将以计算结构柱为例，进行工程算量方法的介绍。

图 5.3.4-1　输入搜索条件

（1）在侧边栏中，点击【筛选模型构件】 ，选择【高级搜索】工具，在搜索栏中输入搜索条件，例如搜索在济南东站项目中，构件属性包含"column"的模型构件，点击"搜索"，见图 5.3.4-1。

（2）在【三维模型视图】窗口工具栏的【筛选】 工具中设置视图按【侧栏构件筛选器】及【仅匹配构件显示】的配置模式显示，则视图只显示符合筛选条件的构件。此时视图只显示柱构件，见图 5.3.4-2。

（3）同样在【三维模型视图】窗口工具栏的【其他命令】 中选择"选择所有"则平台将自动选中视图中显示的全部构件，此时视图中柱构件全部黄色高亮显示，见图 5.3.4-3。

（4）在【工程量清单】窗口中选择对应的清单子目，点击【筛选】列中的圆点，表示已选中该清单子目，见图 5.3.4-4。

（5）在【工程测算系统主数据】中选择将要匹配运算的"基础数据子目"，并拖拉到【实例】窗口。系统将生成一条运算实例，见图 5.3.4-5。

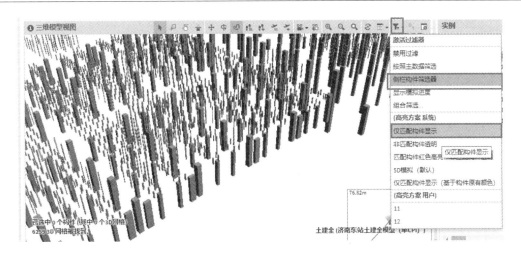

图 5.3.4-2　设置视图过滤显示

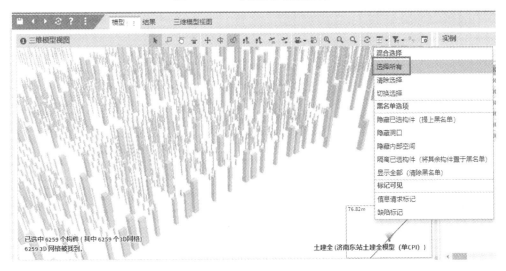

图 5.3.4-3　选择视图中的构件

工程量清单

筛选	结构	参考	纲要详述	工程量	单位	单位-描述	参数
○	▸ 📇	2	**电气**	0.000			⁝
○	▸ 📇	3	**暖通**	0.000			⁝
○	▸ 📇	4	**给排水**	0.000			⁝
○	▴ 📇	1		0.000			⁝
○	▸ 📁	0		0.000			⁝
○	▸ 📇	01.	分部分项	0.000			⁝
○	📄	01.01...002	Ⅱ.安装工程费	0.000	元	元	⁝
○		01.01.2.		0.000			⁝
○	▴ 📇	5	**取费**	0.000			⁝
○	▴ 📁	1	混凝土	0.000			⁝
⊙	📄	11	**矩形柱**	0.000	M3	M3	⁝
○	▸ 📁	2	规费	0.000			⁝

图 5.3.4-4　选中清单子目

图 5.3.4-5   选择计算规则，创建实例

（6）在【三维模型视图】窗口工具栏中使用【拖动所选构件至其他窗口】  工具，将筛选好的柱模型拖拽至刚刚创建的运算实例条目上。此时，完成了清单子目、计算规则与模型构件之间的挂接，见图 5.3.4-6。

图 5.3.4-6   拖拽构件至运算实例条目

（7）在【实例】窗口中勾选配置好的实例条目，点击窗口工具栏中的【运行实例】 工具，开始计算，见图 5.3.4-7。

图 5.3.4-7   计算实例

（8）在【脚本结果-工程子目】窗口中查看计算结果。

（9）在【实例】窗口中勾选计算成功的实例，在侧边栏中点击【向导】 ，选择【应用】将运算结果传送到【估算】模块，见图 5.3.4-8。

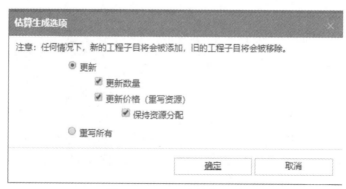

图 5.3.4-8   生成估算选项

　　注：实例条目中的状态列会根据实例状态不同，显示不同的图标。

　　（10）在【实例】窗口工具栏中，点击【前往工程计价】![箭头图标]工具，进入【工程计价】模块，见图 5.3.4-9。

☑ 新建	：实例新建完成
☑ 正在算量(0%)	：实例正在取量
☑ 已取值	：实例取量完成
☑ 取值失败	：实例取量失败
☑ 正在运行实例(0%)	：实例正在运算
☑ 已计算	：实例运算成功
☑ 计算失败	：实例运算失败
☑ 正在同步估算(0%)	：实例正在同步至估算模块
☑ 已同步估算	：实例已同步至估算模块

图 5.3.4-9　进入工程计价模块

　　注：其他类构件也按此方法生成运算实例，计算成功后应用至【工程计价】模块即可。

5.3.5　工程计价

　　【工程计价】模块也可以称为【估算】模块，其中通常包含【工程量清单】、【工程子目】、【资源】和【合计】四个工作窗口。

　　【工程量清单】：展示已导入至本项目的所有清单。

　　【工程子目】：展示运算结果，将工程子目与定额子目、清单子目、进度计划子目、采购包和变更单一一关联。

　　【资源】：展示每个工程子目的单价分析结果，同时可以进行人材机资源的添加、删除及替换。

　　【合计】：按照预先制定好的规则，将工程子目中的人材机资源进行汇总展示。

　　在此模块中，我们可以完成对工程子目匹配定额、清单、调整人材机资源及挂接进度计划、采购包、变更单等工作，见图 5.3.5-1。

　　（1）匹配清单子目。在【工程子目】窗口中【清单子目参考编号】列中，选中相应单元格，单击【替换清单】![按钮图标]按钮，弹出【工程量清单】对话框，从中选择相对应的清单子目，单击确定，从而完成工程子目与清单子目的挂接，见图 5.3.5-2。

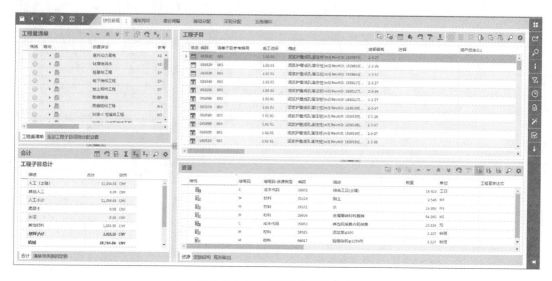

图 5.3.5-1　工程计价模块窗口

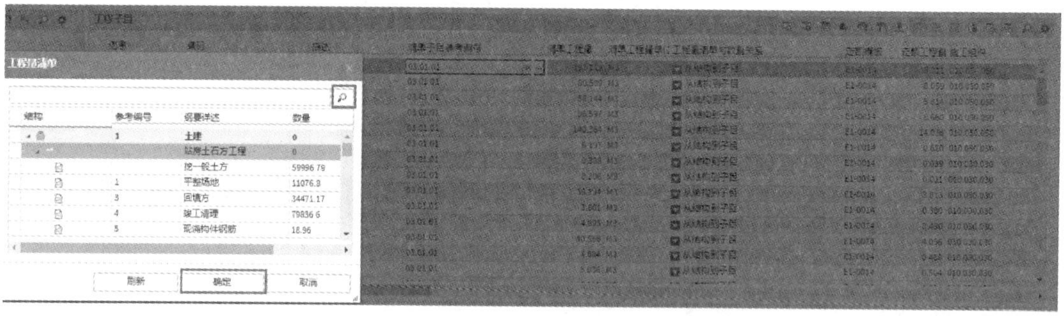

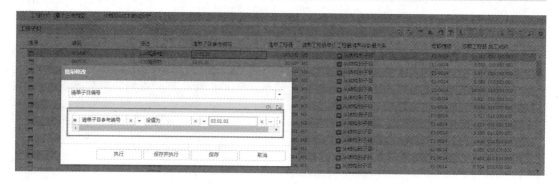

图 5.3.5-2　工程子目与清单子目挂接

注：可以在【工程量清单】窗口中，选择对应清单子目，单击拖拽至工程子目即完成挂接。也可以选择多条工程子目，通过【工程子目】窗口工具栏中的【批量修改】工具，批量挂接清单子目，见图 5.3.5-3。

图 5.3.5-3　批量修改工程子目

（2）匹配定额。同匹配清单方法一致，在【工程子目】窗口的【定额模板】列中，选中相应单元格，单击替换定额按钮，弹出【定额模板】对话框，从中选择相对应的定额，单击确定，从而完成工程子目与定额子目的挂接。当然，我们也可以使用【批量修改】工具批量匹配定额，见图 5.3.5-4。

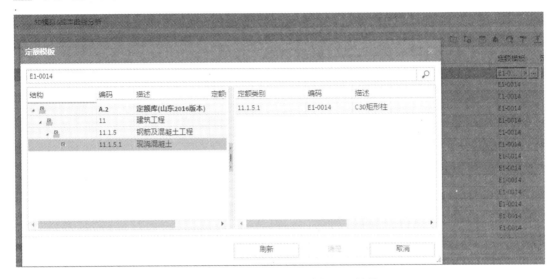

图 5.3.5-4　工程子目与定额子目挂接

（3）资源调整。在【资源】窗口中，我们可以使用窗口工具栏中的【新建记录】工具，来创建资源条目。还可以在【编码】列中调整已有的人、材、机资源，见图 5.3.5-5。

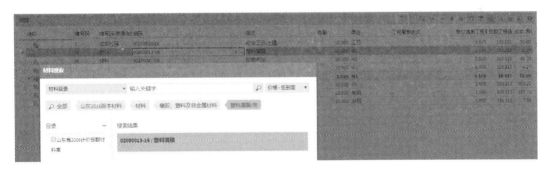

图 5.3.5-5　资源调整

（4）匹配进度计划。同匹配清单方法一致，在【工程子目】窗口的【施工组织】列中，选中相应单元格，单击【替换施组】按钮，弹出【施工组织】对话框，从中选择相对应的进度计划，单击确定，从而完成工程子目与进度计划子目的挂接。当然，我们也可以使用【批量修改】工具批量匹配进度计划，见图 5.3.5-6。

（5）算量计价结果应用至工程量清单。在侧边栏点击【向导】中的"创建投标报价"，在弹出的【基础设置】对话框中，选择"创建报价"并输入其他相关信息，点击"下一步"，见图 5.3.5-7。

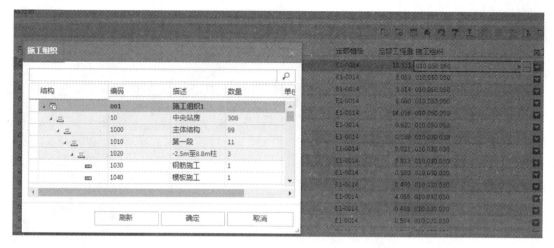

图 5.3.5-6　工程子目与施工组织子目挂接

图 5.3.5-7　创建报价

（6）在弹出的【结构设置】对话框中勾选"基于工程子目"，点击"执行"。

（7）平台将自动打开【投标】模块，点击【工程量清单】标签页，在【工程量清单】窗口中选择相应的清单条目，在【清单结果】窗口中查看在【估算】模块计算出的工程量及单价已经更新至工程量清单中。

5.3.6 取费

取费有两种方法，分为定额取费和清单取费：

1. 方法一：定额取费

(1) 进入【工程计价】模块，进入【全部工程子目规则分配设置】窗口，在"全部工程子目"中选择"规则"空格，点击" + "，在弹出窗口中选择需要计算的费用。如"企业管理费"和"利润"。选择确认，见图 5.3.6-1。

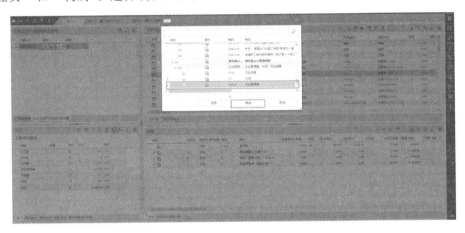

图 5.3.6-1 选择取费规则

(2) 确认后"规则"空格中会出现一个或多个" "标志，点击【保存】 工具进行保存，见图 5.3.6-2。

图 5.3.6-2 查看取费规则

（3）进入【工程子目】窗口，选择一条已经完成套价的工程子目。选择"成本组 1"。

注：成本组只是一个关于成本的分组，以供取费及其他功能方便调用。

（4）点击"⋯"，在弹出【成本组】窗口中选择"刷新"，选择费用类型。然后单击"确认"退出对话框，点击【保存】💾工具进行保存，见图 5.3.6-3。

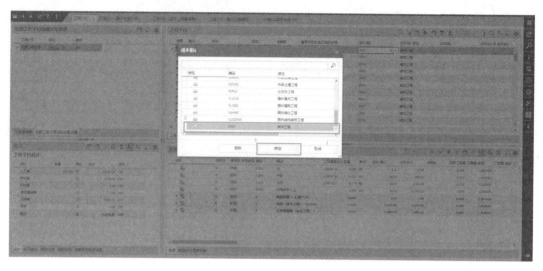

图 5.3.6-3　选择成本组

（5）单击侧工具栏的【向导】🪄工具，选择"更新计价"。在弹出【从项目更新估算】窗口中勾选"计算规则/参数"，选择确认，见图 5.3.6-4、图 5.3.6-5。

图 5.3.6-4　更新计价选项

（6）计算完成后进入【资源】窗口，查看选择计算的费用是否已经出现在资源列表中，见图 5.3.6-6。

图 5.3.6-5 更新计价

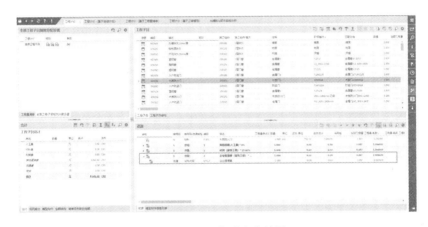

图 5.3.6-6 查看取费结果

2. 方法二：清单取费

（1）打开【工程量清单】模块，在【工程量清单源】窗口中设置"复制源清单选择"为"清单库工程量清单"，"清单库分组"选择"取费清单"，"工程量清单选择"选择相应的取费模板。按住"Shift"键多选清单，鼠标左键单击拖拽到项目清单中，点击【保存】🖫 工具，见图 5.3.6-7。

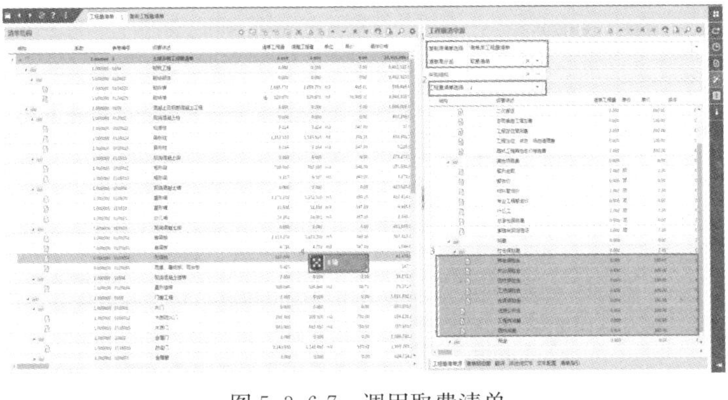

图 5.3.6-7 调用取费清单

注：如需调整某项取费清单的计费基础，可以在"追加款"窗口设置，默认按地区标准；如需调整某项取费清单的计费费率，可以点击该取费清单项，在"清单明细窗"窗口，设置具体费率，默认按地区标准。

（2）完成设置后，进入【工程计价】模块，在右侧栏选择【向导】 ，单击"更新估算"，弹出窗口勾选"计算规则/参数"（默认已勾选），点击确定，见图 5.3.6-8。

图 5.3.6-8　更新计价

（3）对于部分其他项目费，地区没有具体规定计费规则，用户可以自行在相关工程子目如："暂列金额"工程子目中的数量列填入具体金额，亦可通过配置通用规则，设置费率计算。

（4）取费计算完成，检查取费结果或继续调整参数。

5.3.7　输出报表

（1）进入【投标】模块，选中相应投标，点击侧边栏【报表】 工具，点击"分部分项工程和单价措施项目清单与计价表"，生成报表。例如生成济南东站项目工程量清单报表，见图 5.3.7-1。

图 5.3.7-1　输出报表

（2）报表生成后，可以通过弹出页面的左上角的【保存】 图标 工具，可以另存为 Excel 或其他格式文件，见图 5.3.7-2、图 5.3.7-3。

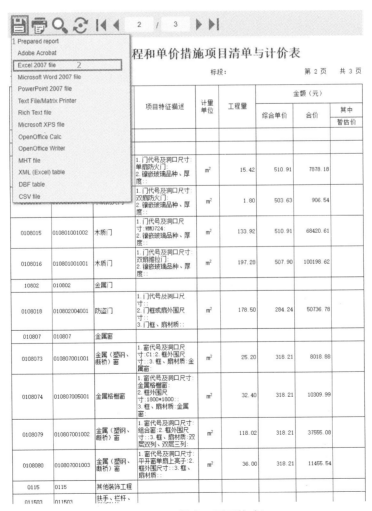

图 5.3.7-2　报表（页面格式）

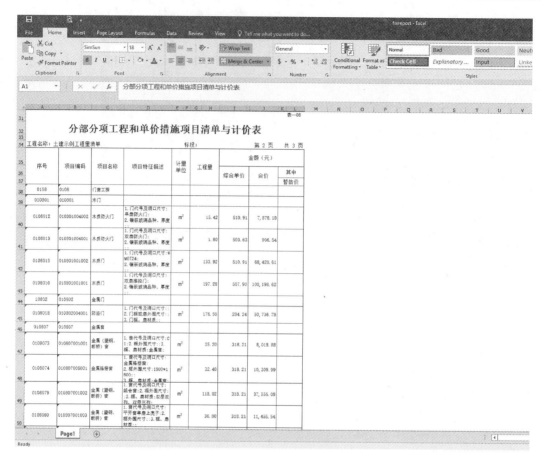

图 5.3.7-3　报表（Excel 格式）

5.3.8　阶段应用总结

根据以上功能操作的讲解，我们不难看出，相比较传统方式，iTWO4.0 平台在算量计价、协同管理方面有了很大的提升。

一、从算量计价模块的技术应用角度来讲

（1）操作简单化：iTWO 4.0 算量计价采取逻辑预定义模式，简化了常规算量计价步骤。

（2）模型可视化：基于模型的算量，平台提供各种构件筛选，以及便捷的拖拽匹配算量的功能。

（3）颗粒度灵活化：算量结果可基于清单子目层级输出数据，也可以基于每一个模型构件输出数据。满足不同用户或不同项目需求，提供灵活的汇总方式。

（4）估算多版本化：平台可创建基于不同模型/计划的估算版本，有利于项目成本估算的比选分析。

（5）数据汇总底层化：基于构件级别的算量，在之后的采购分包流程中，用户可以基于资源（人材机）层级进行数据汇总。大大提高成本管理的精细度。

二、从整个项目的应用管理意义上来说

（1）共享与协同。在整个过程中，我们可以发现：平台内算量计价模块应用价值已经不单单是个人工具级别的应用，而是对整个企业成本的管控。平台以 BIM 模型为基础，把分散在造价人员手中的 BIM 数据汇总到企业总部，然后对这些数据进行构件级别的汇总、分析、拆分以及对比，最后在企业内部进行数据共享，不同岗位、不同部门的工作人员根据自己需要的数据精度调取信息，为自己的管理决策提供依据。这也使得造价管理在整个建筑工程行业变得更加透明，更加有序，企业的发展重心也会偏向于内部的管理、成本的管控。除此之外，还支持造价工程师与其他岗位进行协同办公。比如在项目的多算对比中，成本的分析需要涉及财务数据、仓库数据、材料数据等多种数据；在以往的工作模式中，由于这些数据涉及到的部门之间都是平级，沟通协调成了主要问题，沟通效率比较低，而且拿到的数据也很难保证及时性和准确性。而在 iTWO 4.0 平台中，项目的各个参与方根据自己工作职能实时录入项目信息，平台将工程信息进行采集、存储、分析、管理及共享给其他参与人员，从而保证合适的人在合适的时间能拿到合适的信息。

（2）精细化的造价管理需要精确到项目中的不同项目阶段、不同参与方及不同构件。而在传统的工作模式中，我们大部分都关注于项目一头一尾的价格，项目过程中的成本管理往往被忽视；而且，我们大多数关注于项目总成本价格，但有时需要统计分析到某个分部分项的汇总数据，这就会造成重复计算。在 iTWO 4.0 平台的工程估算模块中，系统以"工程子目"的方式来实现精确到构件级别的工程量统计、组价以及到后期介绍的变更、采购等工作中，这使得我们可以根据所需汇总精度随时统计信息，为项目的决策提供数据支持。

（3）数据的及时更新和维护。在项目的实施过程中，往往会出现材料、设备、机械租赁、人工与单项分包价格的变化波动。如何将这些动态的信息及时反馈更新到项目的总成本价格，是我们常常遇到的问题。在 iTWO 4.0 平台中，系统可以通过成本代码、材料组及材料模块实时储存更新价格信息，并自动汇总至工程计价模块实现总成本的更新。并通过各模块或者各个窗口管控能力的不同，从而设置价格更新是系统级别、企业级别还是项目级别，甚至是单个构件级别的更新。

5.3.9 算量计价应用拓展

iTWO 4.0 平台作为一个大数据、企业级平台，通过预设的算量规则库和智能算量系统，可以实现"一键算量"。若需要使用企业定额，通过把企业定额预设到 iTWO 4.0 平台算量规则中，可以实现"一键算量计价"，从而大幅度提升虚拟建造的效率，快速实现多个成本方案的比选。

5.4 iTWO 4.0 进度管理

iTWO 4.0 平台中的进度管理模块可以通过施工流程的录入、项目信息的统计给项目管理提供重要的技术支持，使得项目每个阶段要做什么，工程量是多少，涉及的采购任务是什么，每一阶段的工作顺序是什么，都变得显而易见，使得管理内容变得"可视化"，增强管理者对工程内容和进度的掌控能力。

本章主要讲述在 iTWO 4.0 平台虚拟建造阶段中的进度管理。

内容主要包括：创建进度计划、进度计划活动详细信息录入、生成关键路径、创建不同版本的进度计划、多项目间进度计划对比。

5.4.1　进度管理流程

进度管理主要流程见图 5.4.1。

图 5.4.1　进度计划模块主要流程

在进度计划模块中，我们可以通过甘特图展示各个施工条目间的关系，自动生成关键路径；还可以对不同版本的计划进度对比，比选出最优方案。除此之外，当实际进度工期发生延误或提前情况时，接下来的进度计划可根据需求进行自动调整。

5.4.2　创建进度计划条目

（1）登录 iTWO 4.0 平台后，在【项目】模块钉选项目及模型，在标签页上单击【进度计划】，进入【进度计划】模块。【进度计划】模块包含【项目】窗口、【进度计划】窗口、【位置】窗口、【关键日期】窗口等，见图 5.4.2-1。

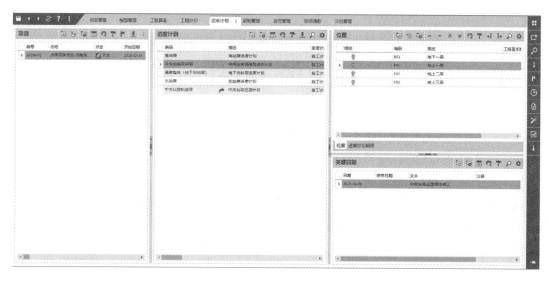

图 5.4.2-1　进度计划窗口

（2）在【进度计划】窗口工具栏中点击【新建记录】 🔲 工具，创建进度计划条目，输入条目的详细信息，例如"编码"、"描述"、"进度计划类型"、"目标开工时间"、"目标完工时间"及选择相关"日历"。我们先创建好不同区域的进度计划条目，后期将详细的施工活动录入其中。例如在济南东站项目的进度计划模块中，创建新的进度计划条目，并补充完善信息，见图 5.4.2-2、图 5.4.2-3。

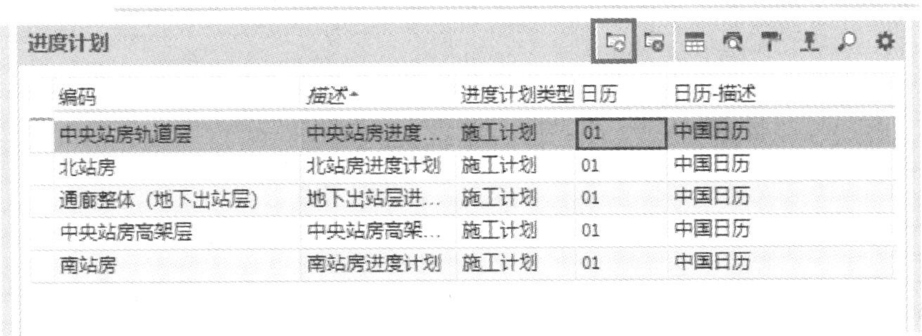

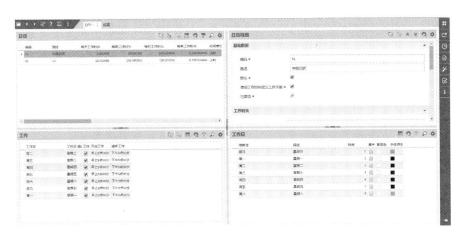

图 5.4.2-2　创建进度计划条目

注：日历是指在平台管理区的日历模块里设置的，在整个施工进度过程中，每天、每周、每月及每年的工作小时数及设置工作日及假期等。在创建项目条目和进度计划条目时中需要设定具体应用的日历方案。

图 5.4.2-3　日历设置

（3）在【位置】窗口工具栏中点击【新建记录】 工具，创建位置条目，输入条目的详细信息，例如"编码"、"描述"。此处创建的位置条目是为后期创建施工活动中选择其工作楼层、工作面准备的，见图 5.4.2-4。

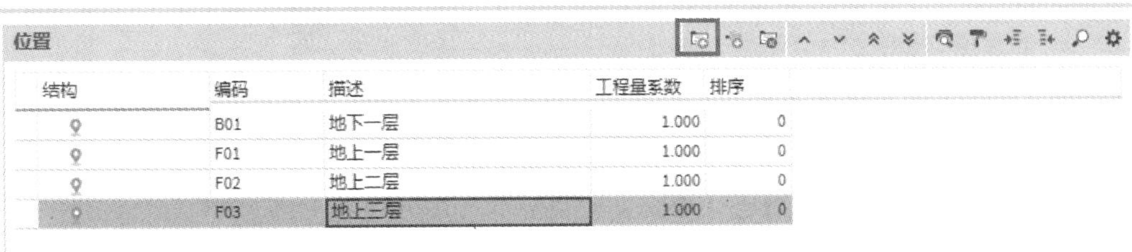

图 5.4.2-4　创建位置条目

（4）在【关键日期】窗口工具栏中点击【新建记录】 工具，输入条目的详细信息，例如"日期"、"文本"等。此处创建关键日期可以在后期甘特图中标识出项目实施过程中的重要节点，见图 5.4.2.5、图 5.4.2-6。

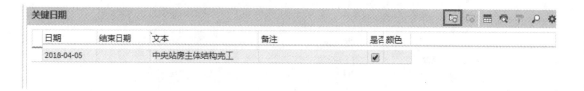

图 5.4.2-5　创建关键日期条目

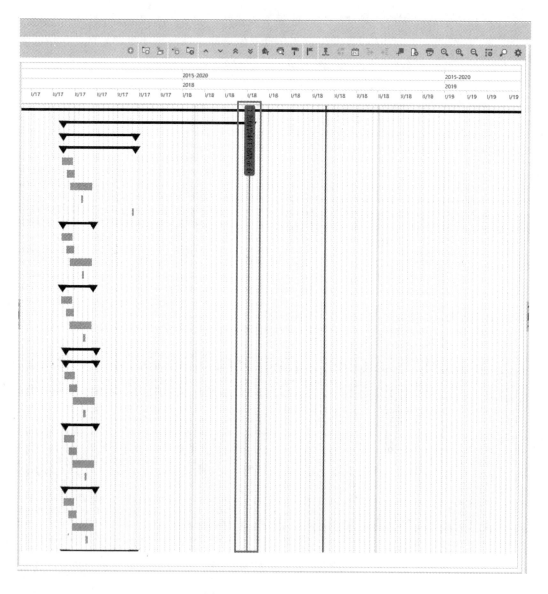

图 5.4.2-6　显示关键日期

5.4.3 创建进度计划活动

（1）在【进度计划】窗口中，点击编码列的"跳转" 按钮，开始编辑进度计划的详细内容，见图 5.4.3-1。

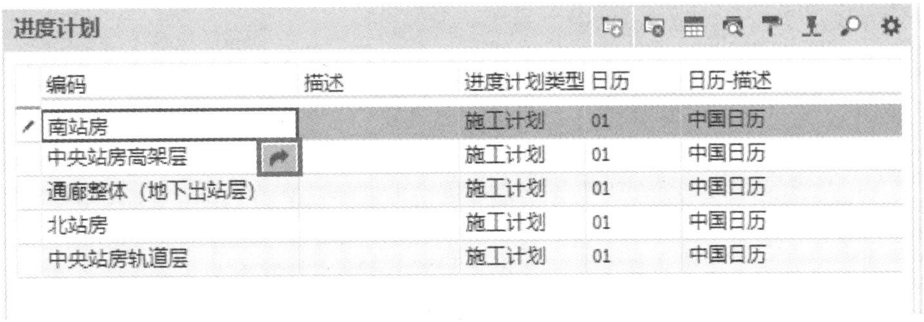

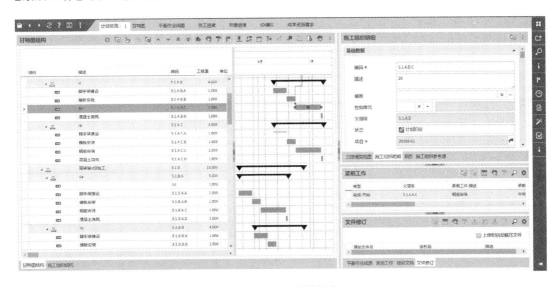

图 5.4.3-1 进度计划跳转按钮

（2）此时，将打开【甘特图结构】窗口、【施工组织明细】窗口、【紧前工作】窗口及【紧后工作】窗口等，见图 5.4.3-2。

图 5.4.3-2 进度计划窗口

（3）在进入到进度计划模块中后，可根据三种方法创建进度计划活动条目，下面将一一介绍：

1）方法一：手动创建进度计划活动，见图 5.4.3-3。

① 在【甘特图结构】窗口工具栏中，通过【创建记录】 工具和【创建子记录】 工具来手动创建施工活动。

② 创建好施工活动条目后，单击选中一条施工活动，输入"计划开始日期"和"计划完工日期"，平台将自动计算出"计划工期"。

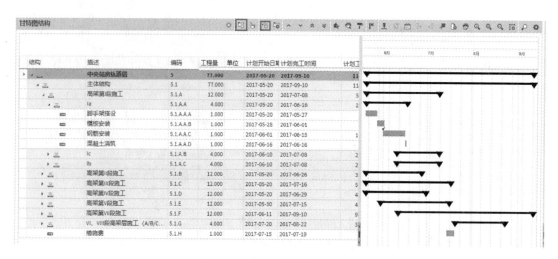

图 5.4.3-3　手动创建施工活动

2）方法二：复制已有的施工组织创建进度计划活动，见图 5.4.3-4。

① 在【施工组织参考源】窗口中，点击"项目"的分配按钮，选择复制目标项目，在"进度计划"中选择需要复制的目标进度计划，在"关系"中选择对应施工组织活动关系。

② 此时，将 展示出目标施工组织活动，选择需要的施工组织活动拖拽至左侧的"施工组织结构"窗口的相应位置。并且可通过 窗口工具栏中的【施工活动升级】工具和【施工活动降级】工具调整施工组织的结构。

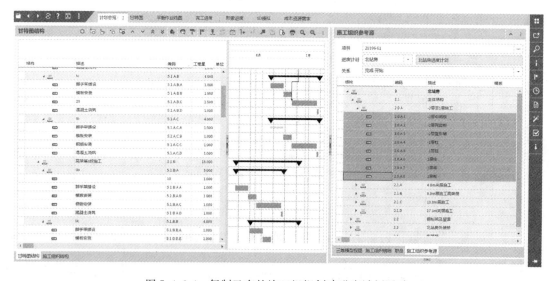

图 5.4.3-4　复制已有的施工组织创建进度计划活动

3）方法三：从外部文件中导入进度计划活动，见图 5.4.3-5。

在侧边栏中点击"向导"，选择"从 MS Project 导入"，在弹出的【打开】对话框中，找到线下处理好的".xml"格式的进度计划文件，导入到模块中。

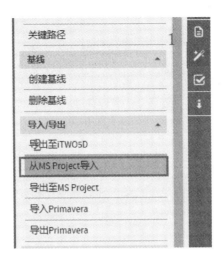

图 5.4.3-5　导入施工活动

5.4.4　进度计划活动详细信息录入

（1）创建施工条目后，在【施工组织明细】窗口中，录入施工活动的详细信息。

（2）在"基础数据"栏，设定施工活动的"编码"、"描述"、"状态"、"日历"、"进度计划编排方式"、"类型"及"单位"，见图 5.4.4-1。

图 5.4.4-1　基础数据栏信息

注："进度计划编排方式"一般设置为"自动"，使平台自动依据录入信息更新甘特图。

（3）"位置"栏信息见图 5.4.4-2。

【位置】：设定施工活动的工作楼层或工作面。

【施工组织展示】：设定施工活动分为"向上"即施工趋势向上，如混凝土浇筑；"向下"即施工趋势向下，如拆卸模板；"区域"即施工区域整体占用以及"隐藏"即不显示。

【图表展示】：设置此项施工活动在 5D 模拟演示中的甘特图条目的展示颜色。

【3D 可视化类型】：设置施工活动在 5D 模拟演示中的可见性。

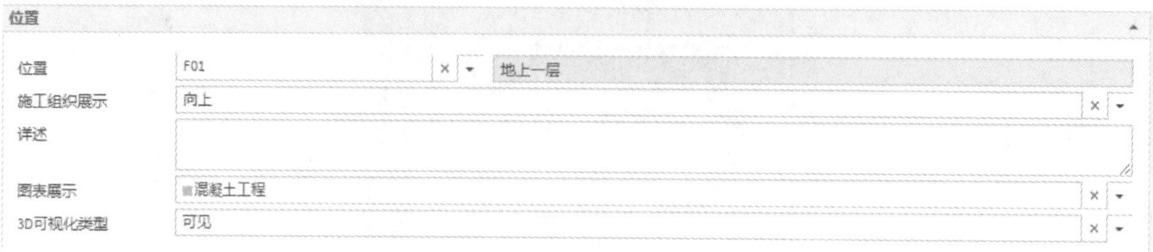

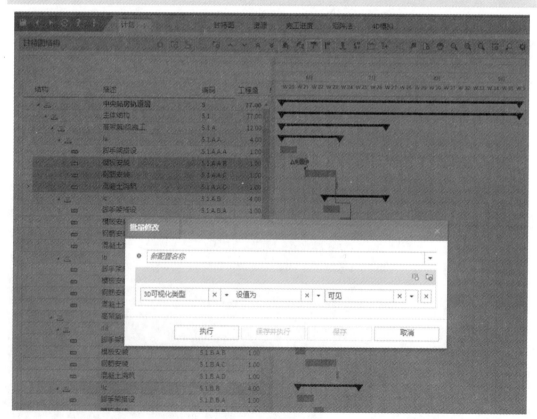

图 5.4.4-2　位置栏信息

> 注：我们也可以通过【批量修改】、🖌工具，批量修改施工活动条目信息。比如，首先选择需要修改的多条施工活动，然后在【甘特图结构】窗口工具栏中选择【批量修改】🖌工具，在弹出的【批量修改】对话框中选择修改的属性项及对应的属性值即可，见图 5.4.4-3。

图 5.4.4-3　批量修改

（4）设置施工活动间的关系。设置施工活动间的紧前紧后关系，是后期生成关键线路的基础。下面以设置紧前关系为例，介绍设置方法。

（5）单击单个施工活动，在【紧前工作】窗口中，设置"类型"为"完成-开始"即前项工作完成，本项施工活动开始；"父层级"为本项施工活动的"紧前工作"，设置完成后，点击【保存】 工具。刷新平台后，平台自动更新施工活动间的挂接关系。紧后关系与紧前关系的设置方法相同，请读者自己探索，见图5.4.4-4。

图 5.4.4-4　设置施工活动间的紧前关系

> 注：若在线下处理的施工活动文件中已经设置好了施工活动间的紧前紧后关系，在导入平台后，仍然保留这种关联关系，无需在平台中设置。

5.4.5　生成关键路径

设置完成进度计划活动的紧前紧后关系后，平台可以自动生成关键路径，标识出关键活动，有效控制工期。关键路径是项目进度计划中最长的路线。它决定了项目的总耗时间。项目经理必须集中注意力确保关键路径上的施工活动准时完成，以避免整个项目的工期延长。具体操作如下：

（1）点击侧边栏中的【向导】 ，选择"关键路径"，平台将根据已有的施工活动及活动间的紧前紧后关系自动生成关键路径，见图5.4.5-1。

图 5.4.5-1　通过"向导"生成"关键路径"

（2）计算成功后，弹出【计算关键路径】对话框，提示关键路径成功完成，见图 5.4.5-2。

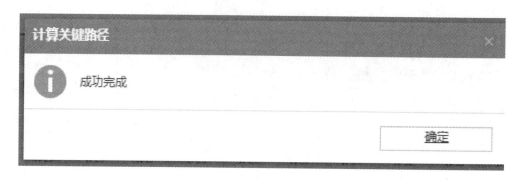

图 5.4.5-2　提示关键线路成功计算

（3）显示关键路径。在【甘特图结构】窗口工具栏中单击【浏览设置】工具，在弹出的【甘特图设置】对话框中的"设置"面板勾选"显示关键路径"对话框，单击"确定"，见图 5.4.5-3。

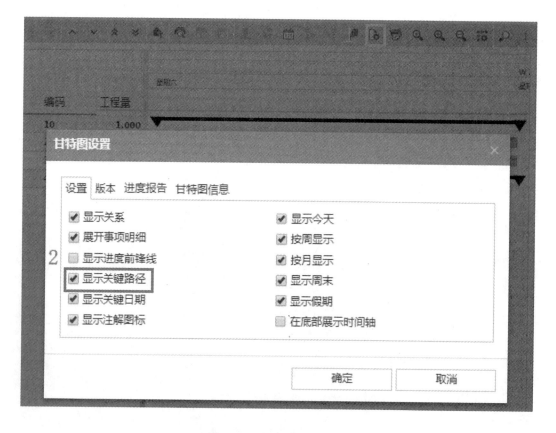

图 5.4.5-3　显示关键路径

（4）在甘特图中将用红线标识出关键路径，见图 5.4.5-4。

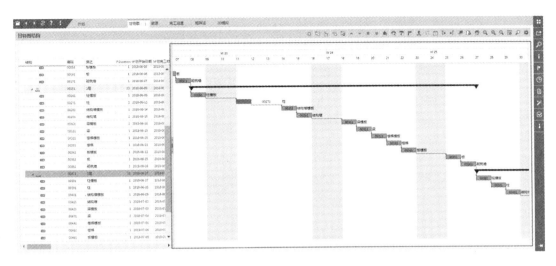

图 5.4.5-4　标示关键路径

5.4.6　不同版本进度计划对比

iTWO 4.0 平台中的【进度计划】模块支持多方案进度计划的录入和对比。在输入第一版计划进度后，将其保存为"基线"，然后在此基础上进行"计划开始日期"和"计划完工日期"的修改，生成第二版计划进度。通过【甘特图结构】的窗口工具栏中【浏览设置】 工具配置显示出第一版和第二版计划进度，进行对比。具体操作如下：

（1）首先，打开侧边栏中【向导】 ，点击"创建基线"，见图 5.4.6-1。

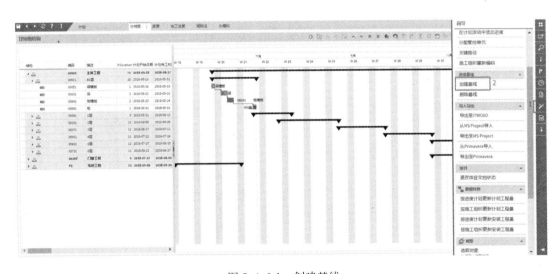

图 5.4.6-1　创建基线

（2）在弹出的【创建基线】对话框中输入基线的"描述"和"备注"，单击"确定"。平台将已经录入的计划进度保存为基线，见图 5.4.6-2。

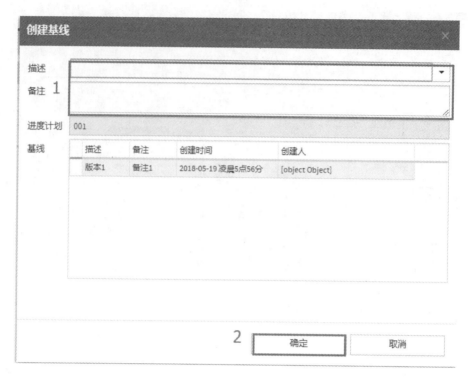

图 5.4.6-2　"创建基线"对话框

（3）调整计划工期。在【甘特图结构】窗口的左侧调整施工活动的"计划开始日期"和"计划完工日期"。然后点击窗口工具栏中的【浏览设置】 工具，在"版本"面板中勾选需要显示的基线版本，单击"确定"，见图 5.4.6-3。

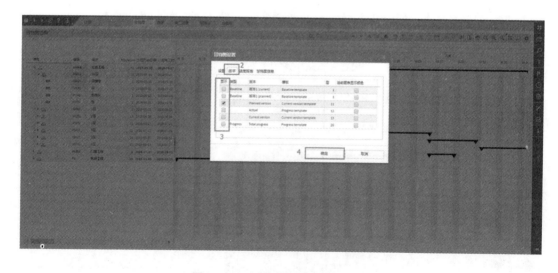

图 5.4.6-3　"甘特图设置"对话框

（4）在甘特图中以不同颜色区分显示当前计划进度和基线进度，见图 5.4.6-4。

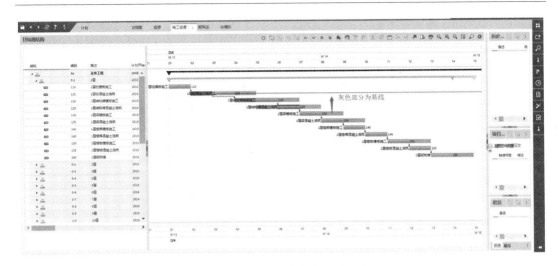

图 5.4.6-4 多进度版本显示对比

> 注：如果基线版本较多，且想查看同一施工活动在不同基线中的详细计划开始日期和计划完工日期，可以编制视图配置，调出【施工组织基线比较】窗口。先单击选中一条施工活动，然后在【施工组织基线比较】窗口中查看对比不同基线下该计划条目的详细信息，见图 5.4.6-5。

编码	描述	计划开始日期	计划完工时间	父层级	父层级-I	状态	日历
3.1.A.A.C	钢筋安装	2017-07-27	2017-08-26	3.1.A.A	la	计划阶段	01
3.1.A.A.C	钢筋安装	2017-07-30	2018-01-04	3.1.A.A	la	计划阶段	01

三维模型视图 施工组织明细 职员 施工组织参考源 施工组织基线比较

图 5.4.6-5 【施工组织基线比较】窗口查看详细信息

5.4.7 更新进度计划工程量

完成【工程计价】模块业务后，需要把算量计价的结果由工程子目传递到【进度计划】模块中，具体方法如下：

(1) 进入【工程计价】模块后，在【工程子目】窗口中调出【施工组织】和【施工组织与数量关系】两列，在【施工组织】列中选择工程子目挂接的施工活动，在【施工组织与数量关系】列中设置为"从子目到结构"。

（2）然后打开侧边栏中的【向导】 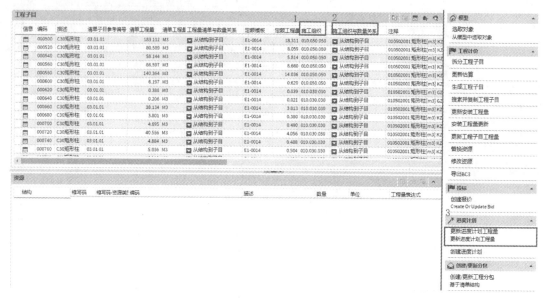，单击选择"更新进度计划工程量"。平台将自动把工程子目的工程量更新到对应进度计划，见图 5.4.7。

图 5.4.7　工程量更新到施工组织

（3）回到【进度计划】模块，在【甘特图结构】中查看，工程量已经更新达到对应的进度计划中。

5.5　iTWO 4.0 5D BIM 虚拟建造展示

虚拟建造是从虚拟制造概念基础上发展起来的，其本质是对实际建造施工过程的计算机模拟和预演，从而实现施工中的事前控制和动态管理。通过对项目建造过程中人材机及信息流动过程的真实预演，发现实际施工过程中可能出现的问题，采取预防措施，从而达到项目的可控性，实现降低成本、缩短施工周期，增强各企业在建造过程中的决策、优化与控制能力。[9]

本章主要讲述在 iTWO 4.0 平台虚拟建造阶段中的虚拟建造过程。

内容主要包括：4D 模拟及 5D 模拟 & 成本曲线分析。

5.5.1　4D BIM 模拟

随着工程项目建筑造型、建筑功能日趋复杂，项目规模日趋庞大，建筑工程能否在保障施工质量的前提下，按照预定的项目施工计划顺利进行，是每个业主最为关注的问题。对于项目的决策者而言，查看项目的施工计划过于复杂且不够直观，无法直接反映出进度计划存在的问题。所以，对于项目的管理者而言，形象直观的三维图形、图像，以及动态的施工进度模拟，有利于管理者对项目建造安装过程有直观的印象。iTWO 4.0 平台中的"4D 模拟"窗口正是为了形象的展示随着时间的推移，工程项目的建造安装过程。

（1）登录 iTWO 4.0 平台后，进入【项目】模块，钉选项目；在【模型】模块，钉选

4D 模拟展示的模型。

（2）在【进度计划】模块中，在标签页中点击"4D 模拟"，平台会打开【三维模型视图】窗口、【模拟舱】窗口和【模拟甘特图】窗口。这三个窗口分别展示模型、进度和甘特图，共同形成项目的 4D 施工模拟，见图 5.5.1-1。

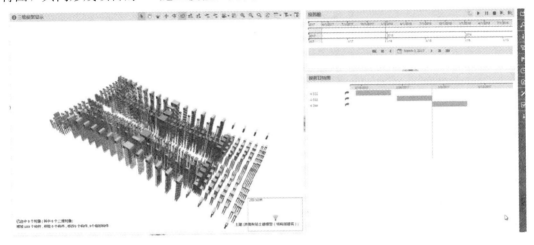

图 5.5.1-1 4D 模拟

（3）在【模拟舱】窗口中，点击窗口工具栏中的【打开】工具，在打开【加载时间线】对话框中设定展示的进度计划、计价版本及在【模拟日期】中设置展示的是项目计划进度即"计划的"，还是实际进度即"当前"。点击"确定"，完成设置，见图 5.5.1-2。

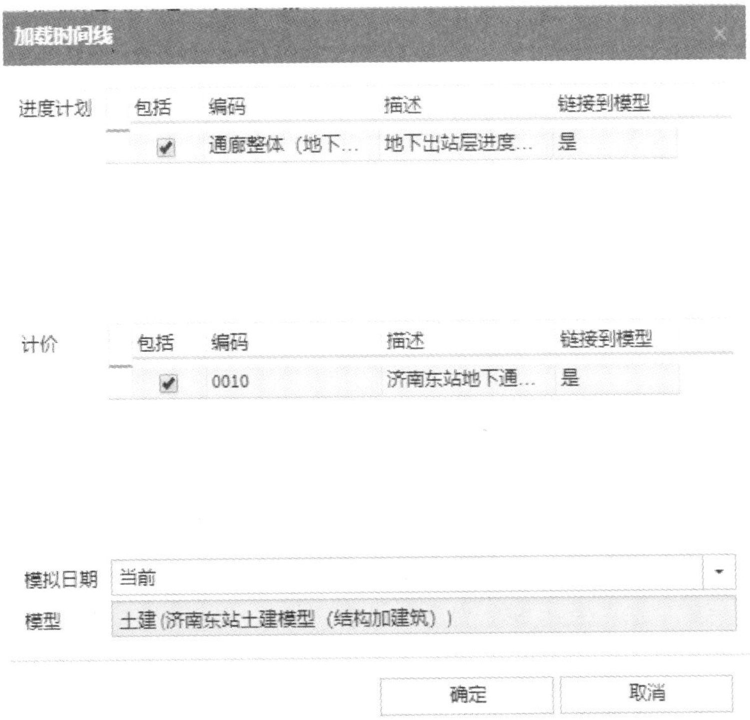

图 5.5.1-2 【加载时间线】对话框

（4）在【三维模型视图】窗口中，在窗口工具栏中点击【筛选】 工具，在下拉菜单中选择"显示模拟进度"和"5D 模拟"选项，见图 5.5.1-3。

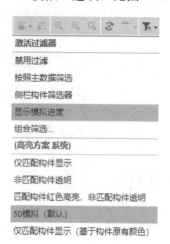

图 5.5.1-3　【三维模型视图】显示设置

（5）点击【模拟舱】窗口工具栏的【开始】 工具，开始 4D 施工模拟。随着时间的推进，在【三维模型视图】窗口中将逐步展示模型的施工过程；在【模拟甘特图】窗口中将展示项目甘特图条目逐步变化的过程；在【模拟舱】窗口中将展示与时间对应的施工活动。我们可以在济南东站项目的基础上进行 4D 施工模拟，见图 5.5.1-4。

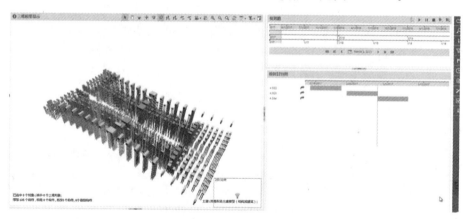

图 5.5.1-4　4D 模拟

5.5.2　5D BIM 模拟

iTWO 4.0 是 RIB 集团旗下一款基于企业级别的云平台 BIM 软件。该平台以领先的 5D BIM 技术为基础，整合建筑全流程，结合创新云技术、大数据、虚拟建造、供应链管理技术，以及开放性兼容，提供一个云端大数据企业级管理平台。项目的各个参与方在同一个云平台上实时协同工作、信息共享，从而实现企业内所有项目的全生命周期基于 5D BIM 模型的信息化管理。

下面介绍一下如何在 iTWO 4.0 平台上进行 5D BIM 模拟展示：

（1）登录 iTWO 4.0 平台后，进入【项目】模块，钉选项目；在【模型】模块，钉选 5D 模拟将要展示的模型。

（2）在【工程计价】模块中，在标签页中单击"5D 模拟 & 成本曲线分析"，平台会打开【三维模型视图】窗口、【成本曲线】窗口和【模拟舱】窗口。这三个窗口分别展示项目的模型、成本和进度，共同形成项目的 5D 施工模拟，见图 5.5.2-1。

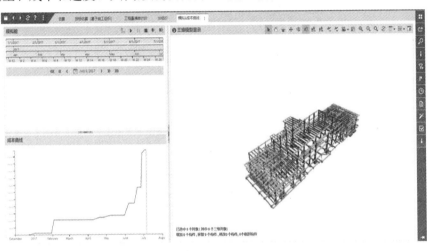

图 5.5.2-1　5D 模拟 & 成本曲线分析

（3）在【模拟舱】窗口中，点击窗口工具栏中的【打开】 ▦ 工具，在打开【加载时间线】对话框中设定展示的进度计划、计价版本及在【模拟日期】中设置展示的是项目计划进度即"计划的"，还是实际进度即"当前"。点击"确定"，完成设置，见图 5.5.2-2。

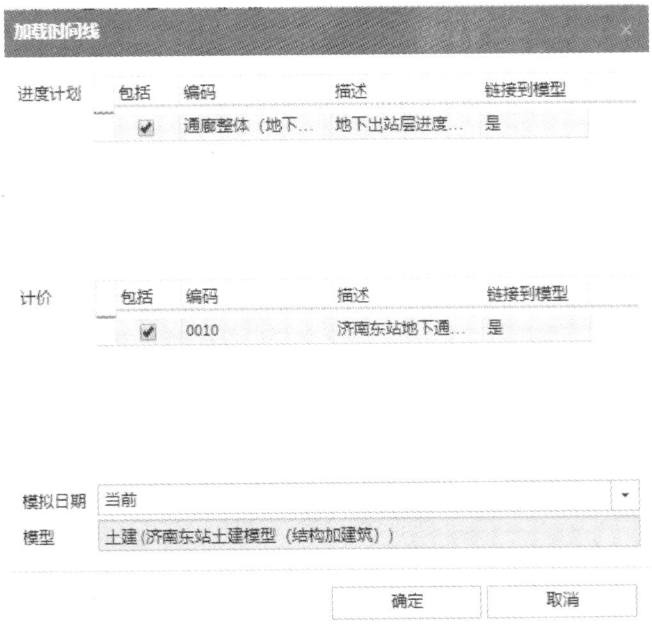

图 5.5.2-2　【加载时间线】对话框

（4）在【三维模型视图】窗口中，在窗口工具栏中点击【筛选】 工具，在下拉菜单中选择"显示模拟进度"和"5D 模拟"选项，见图 5.5.2-3。

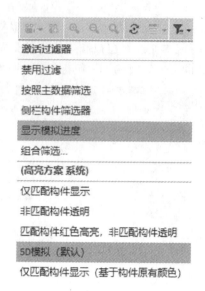

图 5.5.2-3　【三维模型视图】显示设置

（5）点击【模拟舱】窗口工具栏的【开始】 工具，开始 5D 施工模拟。随着时间的推进，在【三维模型视图】窗口中将逐步展示模型的施工过程；在【成本曲线】窗口中将展示随着项目的施工过程，成本逐步变化的过程；在【模拟舱】窗口中将展示与时间对应的施工活动。我们可以在济南东站项目的基础上进行 5D 施工模拟，见图 5.5.2-4。

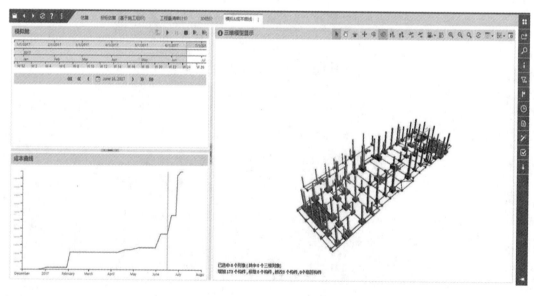

图 5.5.2-4　5D BIM 模拟

注：4D 模拟与 5D 模拟的区别：5D 模拟展示的是在项目施工过程中，模型、成本与进度计划之间的关系；而 4D 模拟重点展示的是模型与进度计划之间的关系。

在预建造阶段，通过 5D BIM 模型进行项目的虚拟建造应用，展示了三维模型、成本和进度计划之间的关系。

除此之外，在施工阶段也可以在此基础上进行一系列的施工管理：

（1）在进度方面，通过录入实际进度与统计完工程度绘制出进度前锋线来展示不同阶段的进度进展状况，同时具有文档管理功能，用户可以根据每一条施工组织上传与之相关的现场照片、报告和资料等文档，实现资料管理；

（2）在成本方面，基于成本部门的算量计价结果直接生成物料采购包，并与进度计划关联，生成采购计划，然后进行内部审批、对外询价、报价回填和比价定标直至合同签订；

（3）在质量安全管理方面，通过移动端 APP 和浏览器端紧密结合，实时上传现场问题，制订解决方案，完成现场复核并记录，实现审查整改。

上述应用点的具体操作方法将会在下一章中详细展开讲解。

第6章 iTWO 4.0 项目管理

在施工阶段，工程项目的施工进度能否按时完成、投资成本能否在保证质量和安全的前提下有所降低、施工变更能否控制在合理的范围内、施工现场的质量和安全问题能否及时反馈并有效处理等问题，是业主、施工总承包商及项目其他相关参与方最为关心的。然而，这些问题都离不开信息的沟通。但传统的信息沟通途径如开会、发文等，由于项目涉及的单位和部门众多，信息层层传递，层层过滤，难免会造成信息丢失、沟通不畅的问题出现。除此之外，仅对于施工总承包商来说，从项目的实施阶段到竣工验收阶段，关于进度、成本、安全、质量等方面的数据量庞大且种类繁多，再加上经常出现、动态变化的工程变更数据，如何有效的及时的整理分析这些工程数据，得出结论，制定下一步的解决方案，是我们目前不得不面对的难题。

针对上述问题，iTWO 4.0 作为企业级信息管理平台也提出了相应的解决方案：首先各参与方依据这个统一的项目管理平台进行信息的上传、汇总、分析、整理及共享，保证了信息的准确性、及时性和有效性；进度模块中实际进度与计划进度的对比，完工进度的录入与生成进度前锋线，形象地展示了实际进度与计划进度的偏差；工程量审核及请款模块是依据实际完成的工程量核算请款额度。在质量管理模块中，使用到浏览器端与移动端 APP 相结合的方式，在现场发现质量问题后，通过移动端 APP 及时拍照，将问题反馈至平台，由相关人员提出解决方案并进行现场整改，追踪检查后再次记录，直至质量问题整改完善。该方法极大提高了现场质量的整改效率，提升工程精细化管理水平，打造精品工程。关于各个模块的具体操作方法，在后续章节进行详细介绍。

6.1 iTWO 4.0 施工进度管理

本章主要讲述在 iTWO 4.0 平台项目实施阶段的进度管理。

内容主要包括：实际进度与计划进度对比、创建历史进度报告及展示进度前锋线、文档上传、职工管理等。

6.1.1 施工进度管理流程

施工进度主要流程见图 6.1.1。

图 6.1.1 施工进度主要流程

在进度管控模块中，作为现场管理人员，需要在平台中录入施工组织的实际开始时间与实际结束时间，并可根据每一项施工组织录入当期的历史进度报告。目前可以在应用商店中下载 iTWO4.0 的最新手机 APP：Progress by Activity（进度管控），管理人员可以在现场进行进度报告的录入，实时更新最新的现场进度，录入完成后，可通过进度前锋线来展示不同阶段的进展情况。同时，进度管控模块还具有文档管理功能，用户可根据每一条施工组织上传与之相关联的现场照片、报告和资料等文档，并可根据不同类型进行归类，方便用户进行资料管理。除此之外，在该模块的【职员】窗口内，可设置每个施工组织的责任人。

6.1.2 实际进度与计划进度对比

（1）登录 iTWO 4.0 平台后，在【项目】模块钉选项目及模型，在标签页上单击【进度计划】，进入进度计划模块。选择进度计划条目，通过"跳转" 按钮，开始编辑进度计划的详细内容。在【甘特图结构】窗口中，调出【实际开工日期】、【实际完工日期】和【实际施工工期】三列。然后在施工活动中，依次输入对应的"实际开工日期"和"实际完工日期"，平台将自动计算出相应的"实际施工工期"。例如输入济南东站的实际开工与完工日期，见图 6.1.2-1。

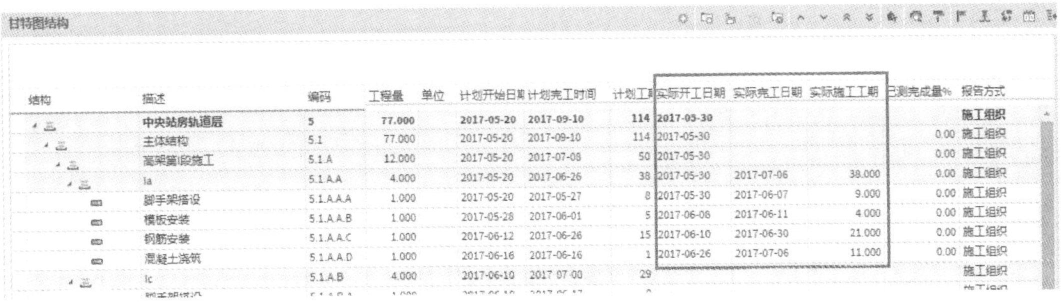

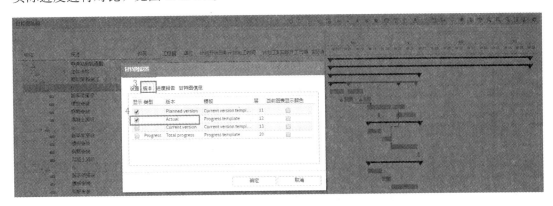

图 6.1.2-1 录入实际施工日期

（2）在窗口工具栏中，点击【浏览设置】 工具，在弹出的【甘特图设置】对话框中，选择"版本"面板，勾选显示实际进度。甘特图中将用不同颜色分别显示计划进度和实际进度进行对比，见图 6.1.2-2。

图 6.1.2-2 显示实际进度

6.1.3　历史进度报告

我们可通过定期在报告日期中录入施工完成百分比，在汇报日根据完工情况生成进度前锋线的方法来控制施工进度。

在 iTWO 4.0 平台中的进度前锋线是指在甘特图上，自上而下，从汇报日期出发，用直线依次将各项工作实际完成度达到的前锋点连接而成的折线，用来分析和预测工程项目整体进度状况。若在汇报日期按时完成，则进度前锋线不会在该施工活动处发生偏移，若未按时完成，则前锋线会在该施工活动处往左偏移，若提前完成，则前锋线会在该施工活动处往右偏移。

（1）在【甘特图结构】窗口中调出【报告方法】和【已测完成量％】两列，然后通过编辑视图调出【历史进度报告】窗口。

（2）在【甘特图结构】窗口中将每个施工活动的【报告方法】设置为"通过活动数量"，即将报告方法设置为填写施工完成百分比方式来统计施工完成度。点击窗口工具栏中的【显示报告日期设置】📅工具，在弹出的【完工进度设置】对话框中输入"报告日期"即项目的进度的报告日期和"描述"。在【已测完成量％】中录入施工活动在报告日期的完工百分比，见图 6.1.3-1。

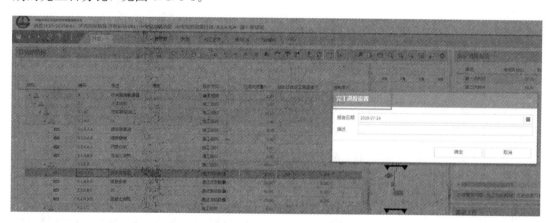

图 6.1.3-1　录入完工进度

注：点击一条施工活动，在【历史进度报告】窗口中可以查看选中的施工活动在不同报告日期所录入的完工百分比。

（3）各个施工活动录完"已测完成量％"后，点击【甘特图结构】窗口工具栏中的【浏览设置】🔍工具，在弹出的【甘特图设置】对话框中的"设置"面板勾选"显示进度前锋线"；在"进度报告"面板中勾选显示"显示进度前锋线"并且设置汇报日期，见图 6.1.3-2。

（4）此时在甘特图中将显示一条进度前锋线，如果施工活动的实际完成情况是按计划完成，则进度前锋线显示在设定的汇报日期；如果施工活动未按计划进度完成，进度前锋线会在该施工活动处往左偏移。若提前完成，则前锋线会在该施工活动处往右偏移。通过这种方法可以直观判断项目是否延误或者提前，见图 6.1.3-3。

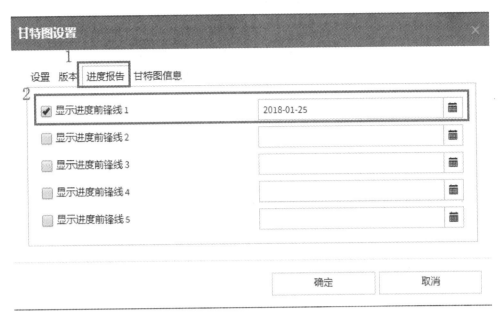

图 6.1.3-2　设置进度前锋线

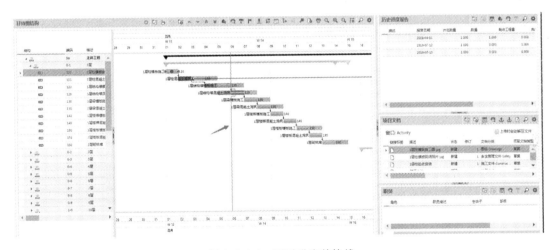

图 6.1.3-3　展示进度前锋线

6.1.4　文档上传

（1）首先在【进度计划】模块中，通过"编辑视图"，调出【项目文档】窗口，见图 6.1.4-1。

（2）在【甘特图结构】窗口中单击单条施工活动。

（3）在【项目文档】窗口中，点击【新建记录】 工具，选择对应的"文档分类"、"类型"及"项目文档类型"等信息，见图 6.1.4-2。

（4）单击窗口工具栏中的【上传】 工具，在弹出【项目文件上传】对话框中，选择需要上传的文档，单击确定，上传文档，见图 6.1.4-3。

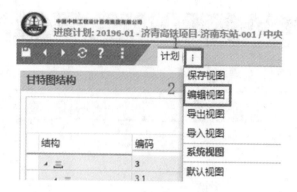

图 6.1.4-1　编辑视图

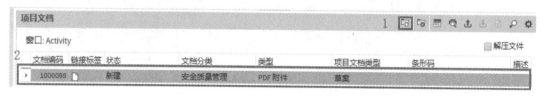

图 6.1.4-2　创建项目文档条目

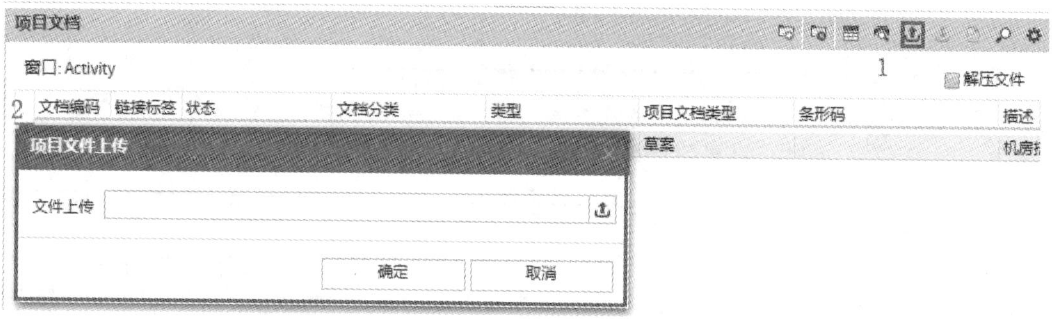

![项目文件上传对话框]

图 6.1.4-3　文档上传

（5）通过这种方法，可以为单条施工活动添加多个项目文档文件。上传成功后，可以点击窗口工具栏中【预览】📄工具查看文档以及通过下载⬇️工具，下载到本地。

注：我们可以为一条施工活动添加对应多个项目文档条目。在【文档修订】窗口中可以查看一个文档条目中上传的内容列表。目前平台只支持文档类文件，视频类文件还不支持上传。

（6）除此之外，我们还可以统一浏览查看上传的项目文档。通过侧边栏的【快速启动】⊞工具，选择"工作区"，点击"项目"，进入【项目】模块。

（7）在【项目】模块钉选好项目后，点击标签页的"文件"，进入【文件】模块，在【文件】模块中列出了【项目文档】和【文件修订】窗口，见图 6.1.4-4。

（8）在项目文档窗口中，可以统一查看所有上传到本项的文档，还可以进行文档的上传、预览和下载，见图 6.1.4-5。

图 6.1.4-4　钉选项目进入文档模块

图 6.1.4-5　文档查看

6.1.5　责任人管理

（1）在【进度计划】模块的"完工进度"标签页内，可设置每个施工组织的责任人，如项目经理、采购经理、施工员、监理员等，每个责任人的职责可细分至各个施工组织，当出现问题时，用户可快速进行责任追查，见图 6.1.5-1。

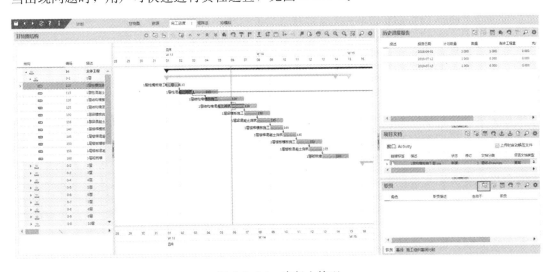

图 6.1.5-1　责任人管理

（2）通过编辑视图，调出【职员】窗口。在【甘特图结构】窗口下选择施工活动或其父层级。在【职员】窗口工具栏中选择【新建记录】工具，在新建记录中，输入对应的"角色"、"职员"、"生效于"及"备注"等，见图 6.1.5-2。

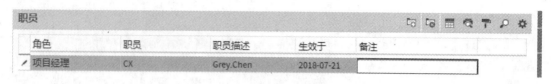

图 6.1.5-2　分配责任人

6.2　iTWO 4.0 招采成本管理

本章主要讲述在 iTWO 4.0 平台中的采购管理。

内容主要包括：创建采购包、关联进度计划、采购申请、询价请求、报价、价格对比、合同、进度表单及账单。

6.2.1　采购流程

采购模块主要流程见图 6.2.1。

图 6.2.1　采购模块主要流程

与传统采购方式相比，iTWO 4.0 可以利用成本部门的算量计价结果直接生成物料采购包，从而确保了数据来源唯一真实性，可避免在数据转移过程中因主观或客观造成的不必要的损失和风险；在采购包内可看到与其中物料直接相关的模型构件，这样，采购人员能更为清晰地了解到他的工作可能会波及项目的哪一部分。

物料窗口内列出了该采购包具体包含的物料品类及相应数量，在每一次采购包内容更新后，用户应进行查看，以便及时发现问题。

通过预定义的采购规划，平台可根据当前项目的具体计划施工日期，生成具体的采购计划，实现施工进度计划与采购计划相结合的同屏显示，从而促进各部门间的信息协同，更好地确保项目的按时完成。采购包创建完毕后，用户即可通过内部审批、对外询价、报价回填和比价定标的步骤完成在线招投标流程。由于各环节集成在同一平台、同一数据库中，信息的反查和文件的归档管理可更轻松地实现。

6.2.2　创建采购包

创建采购包操作方法分别有以下两种：

1. 方法一

（1）进入【采购分包】模块，在【采购分包】窗口工具栏中单击【新建记录】🗔 工具来创建采购包，在弹出【创建采购包】窗口中为采购包指定所属项目、采购结构及采购配置，并填写名称描述，点击"确定"，见图 6.2.2-1。

（2）新建页面，进入【工程计价】模块，选中一条承载了构件量价信息的工程子目，

图 6.2.2-1 通过"新建记录"工具创建采购包

可在【资源】窗口内看到构成其成本的各类人、材、机资源，选中某个物料资源项，在采购包的下拉菜单内为其分配到已创建的采购包，见图 6.2.2-2。

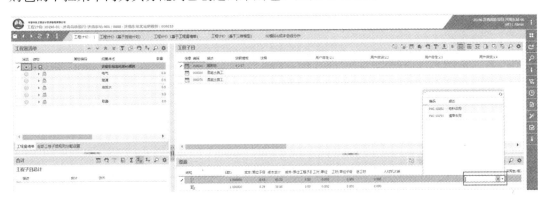

图 6.2.2-2 分配资源（物料）至采购包

（3）回到【采购分包】模块，选中分配给物料项的采购包，在【工程子目】窗口中可查看与该采购包相关联的工程子目，并切换至【物料】窗口，在侧边栏的【向导】工具中选择"生成物料"，完毕后即可在该窗口看到纳入该采购包的物料，用户可检查物料项的相关信息，如编码、名称、数量等，见图 6.2.2-3。

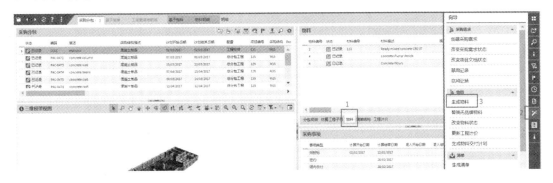

图 6.2.2-3 在采购包内生成物料

2. 方法二

（1）进入【工程计价】模块，在侧边栏的【向导】工具中选择"创建/更新物料采

购包"（可按实际需求选择"基于定额人材机资源"或"基于关联清单结构"），见图
6.2.2-4。

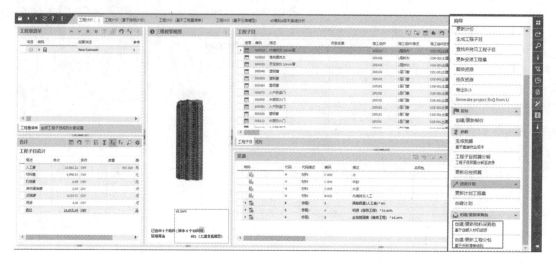

图 6.2.2-4　通过侧边栏生成采购包

（2）首先以清单结构创建采购包进行演示。

在侧边栏的【向导】 工具中点击"创建/更新工程包（基于关联清单结构）"在弹出的对话框中选择生成采购包的依据，如"项目工程量清单"，并点击"下一步"，见图
6.2.2-5。

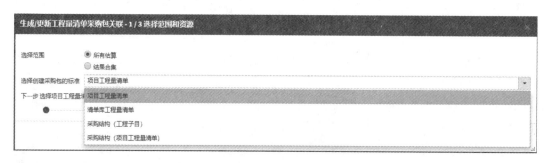

图 6.2.2-5　基于清单生成采购包（步骤1/3）

（3）勾选要纳入该采购包的清单项，点击"下一步"，如当前已有同品类的物料采购包，平台将建议把所选物料项并入该采购包内（用户也可勾选"新建"复选框，以新建采购包）点击"结束日期"，采购包创建成功，并跳转至该采购包，见图 6.2.2-6、图
6.2.2-7。

（4）下面，演示如何基于定额人材机资源创建采购包。

在侧边栏的【向导】 工具中点击"创建/更新物料采购包（基于定额人材机资源）"在弹出的对话框中选择生成采购包的依据，如"Material&Cost Code"（物料与成本代码），并点击"下一步"。平台会根据成本代码自动生成采购包，见图 6.2.2-8～图
6.2.2-10。

图 6.2.2-6　基于清单生成采购包（步骤 2/3）

图 6.2.2-7　基于清单生成采购包（步骤 3/3）

图 6.2.2-8　基于物料生成采购包（步骤 1/3）

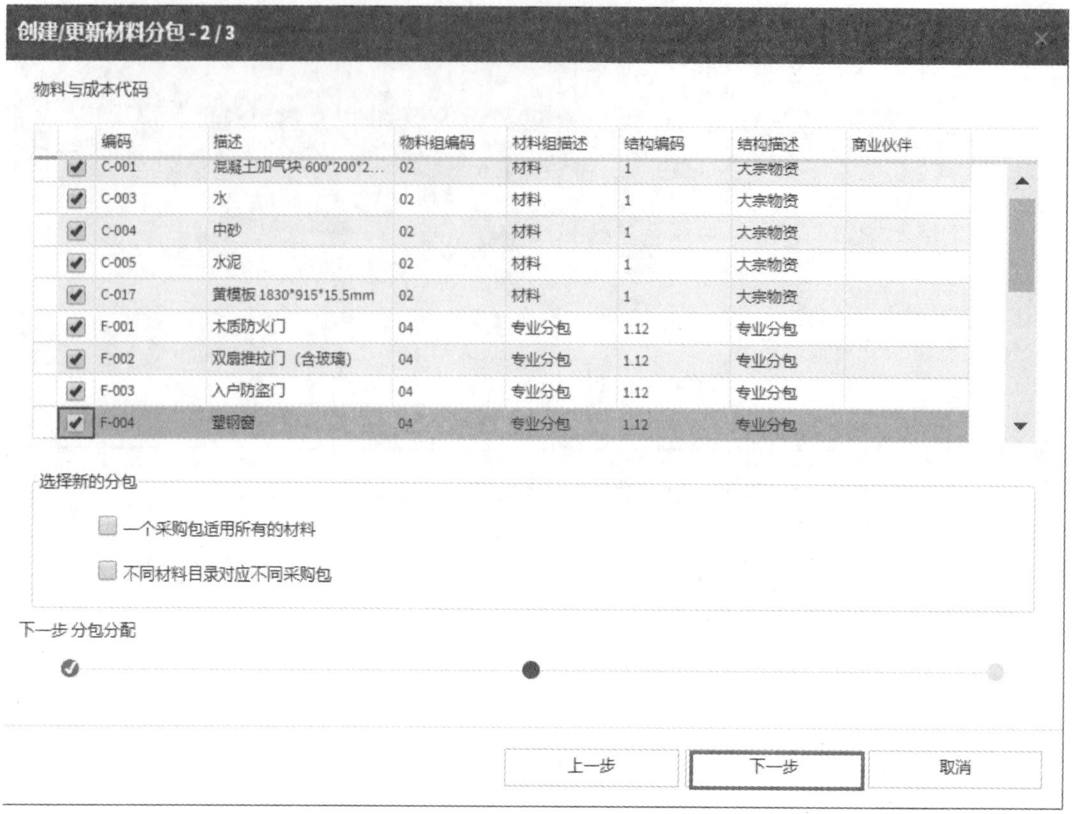

图 6.2.2-9　基于物料生成采购包（步骤 2/3）

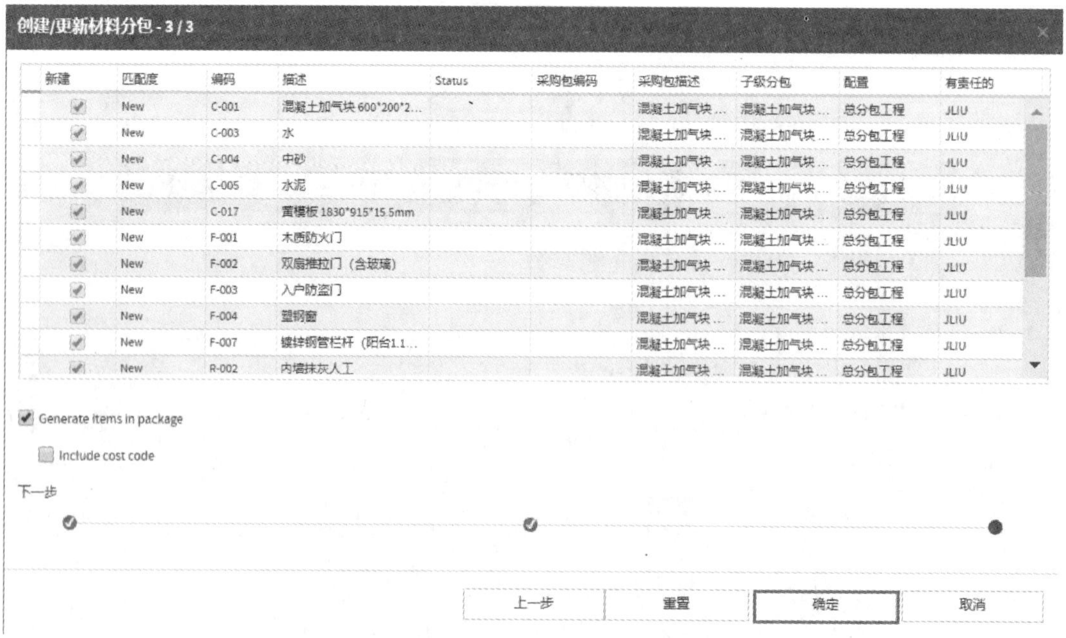

图 6.2.2-10　基于物料生成采购包（步骤 3/3）

6.2.3 更新采购事项至进度计划

在采购分包创建后,在【采购分包】模块的【采购事项】窗口中将根据采购结构展示当前采购包所指定的采购结构中预定义的各关键事项,并可将采购进度同步至相关联的进度计划中。操作流程如下:

(1)确保采购包已分配相应采购结构。

(2)在【采购分包】模块的【分包明细】窗口中,在"进度计划"及"施工组织"字段内为该采购包匹配相应的施工组织任务。以将其开始或结束时间作为倒推各项采购事件时间节点的基础,见图 6.2.3-1。

图 6.2.3-1 采购包关联施工组织

(3)在侧边栏的【向导】 工具中选择"事项评估",平台将为【采购事项】窗口内的各事件计算出其相应的开始或结束时间,见图 6.2.3-2。

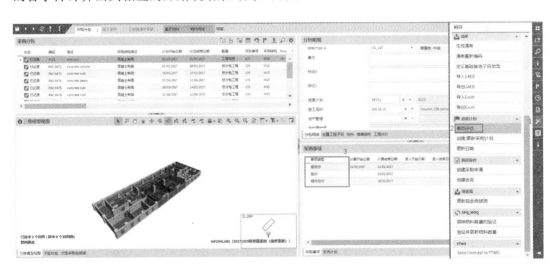

图 6.2.3-2 更新采购事项

(4)在侧边栏的【向导】 工具中选择"创建/更新采购计划",平台将依据采购事件创建或更新采购进度计划,创建完毕后,即可跳转至新建/更新的采购计划中,见图 6.2.3-3。

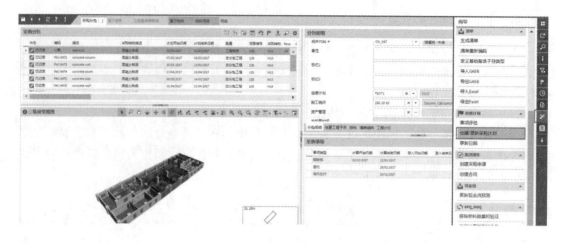

图 6.2.3-3 将采购事项更新至进度计划

> 注：采购事项可协助采购部门用户进行项目采购规划。环节可根据企业需求设定
> （在【采购结构】模块进行设定）。例如在济南东站项目，初设定见图 6.2.3-4。

图 6.2.3-4 采购事项设置

6.2.4 采购申请

【采购申请】模块用于企业采购部门对采购需求进行审批，管理人员可以在此模块对已经创建的采购申请通过改变申请状态来进行检查并审批，如果审批通过，采购可按标准流程继续往下进行。具体操作流程如下：

（1）采购申请可从【采购分包】模块创建，在【采购分包】模块中选择已经创建好的采购包，在侧边栏的【向导】 工具中选择"创建采购申请"点击"下一步"，创建成功，平台将自动转入【采购申请】模块，见图 6.2.4-1。

（2）采购管理人员在【采购申请】模块中选择要进行审批的采购申请项目，并在侧边栏的【向导】工具 中选择"改变内部申请状态"从而改变内部申请状态，将采购申请状态改变为"已批准"或"已取消"来完成采购审批，见图 6.2.4-2。

图 6.2.4-1 创建采购申请

图 6.2.4-2 采购审批

6.2.5 询价请求

【询价请求】模块用于邀请参与投标的业务合作伙伴对采购包进行报价。用户需要从【采购申请】模块中启动询价请求，具体操作流程如下。

（1）在【采购申请】模块下，选择已批准的采购申请条目，在侧边栏的【向导】工具中选择"创建询价单"，在弹出【创建询价单】窗口中用户可以设置搜索条件来寻找将要进行询价的商业伙伴，比如说距离、地区、评分等，点击"搜索"进行创建，也可以点击"跳过搜索"直接创建，平台会自动跳转进入【询价请求】模块，见图 6.2.5-1、图 6.2.5-2。

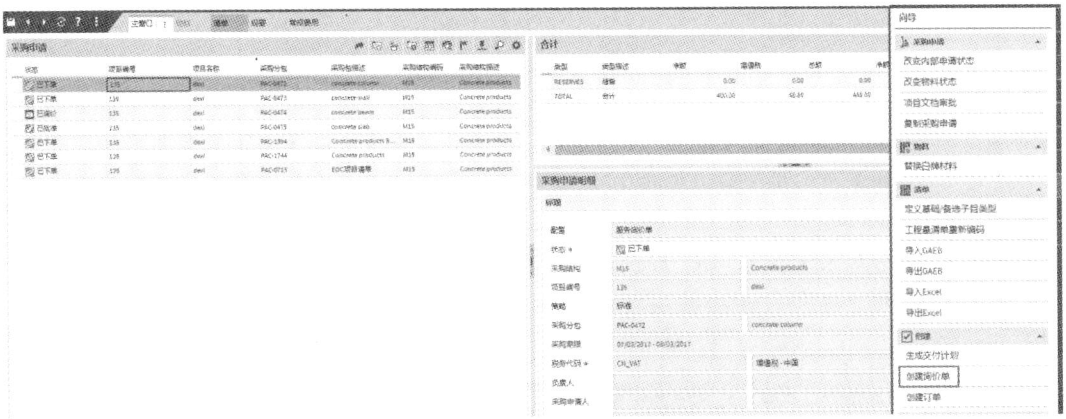

图 6.2.5-1 使用侧边栏的向导创建询价单

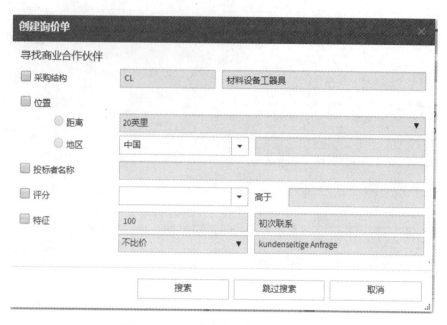

图 6.2.5-2 在弹出窗口中点搜索供应商

（2）在【询价请求】模块中，可在【竞标者】窗口手动添加商业伙伴，并在侧边栏的【向导】 工具中选择"发送邮件"，向供应商/分包商发送询价邮件，见图 6.2.5-3。

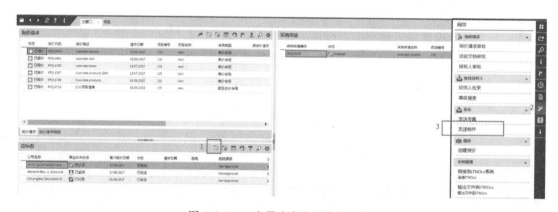

图 6.2.5-3 向供应商发送询价邮件

6.2.6 报价与价格对比

在选择投标人之后，用户需要继续在【询价请求】模块中为每个投标人生成报价。最终各方报价将会在【价格对比】模块进行自动对比，减少人为的工作量，平台也将在不同层级分别高亮显示该项的最高价和最低价，便于用户做出决策。具体操作流程如下：

（1）进入【询价请求】模块，在侧边栏的【向导】 工具中选择"创建报价"，见图 6.2.6-1。

图 6.2.6-1　使用侧边栏的向导工具创建报价

（2）在弹出的【创建报价】对话框中选择需要创建报价的供应商点击"确定"，将生成报价，平台将自动转入到【报价】模块，见图 6.2.6-2。

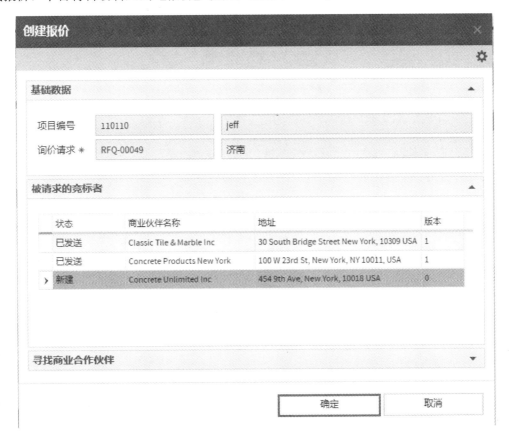

图 6.2.6-2　在弹出窗口选择供应商

（3）在【报价】模块中的【物料】窗口，选择一项物料，在【物料明细】窗口中填入"单价"。按上述步骤依次为每个投标人建立报价，见图 6.2.6-3。

（4）进入【价格对比】模块，选择相应的询价请求项目，在【价格比对（物料）】窗口展开物料，选择相应物料后，在【图表】窗口可以看到价格对比柱状图，见图 6.2.6-4。

图 6.2.6-3　填写物料单价

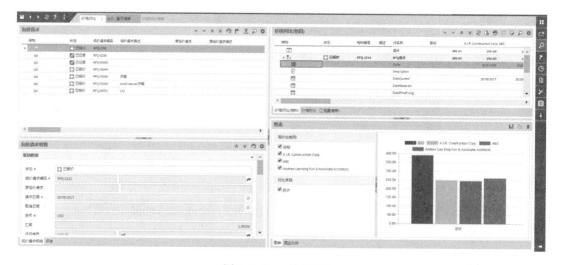

图 6.2.6-4　价格对比

6.2.7　合同

在进行完价格比对之后，用户可以在【价格比对】模块中与最终选定的供应商进行合同签订，若之前已选定供应商，不需进行价格比对的，也可直接在【报价】模块签订合同。在【合同】模块，用户对各订单的合同进行统一管理，增强对整个项目乃至整个公司外部交易的整体把控。具体操作流程如下。

（1）在【价格比对】模块下，（【报价】模块下操作相同）在侧边栏的【向导】　工具中 选择"创建合同"，选择竞标者并点击确定，合同成功建立且平台将自动跳转至【合同】模块，见图 6.2.7-1。

（2）在【合同】模块选择相应合同，在【合同明细】窗口中设置合同类型、评标方

图 6.2.7-1 使用侧边栏创建合同

式、下单日期等信息（原信息从采购包继承），用户还可以在【文档】模块上传相关扫描件合同或电子版合同，见图 6.2.7-2。

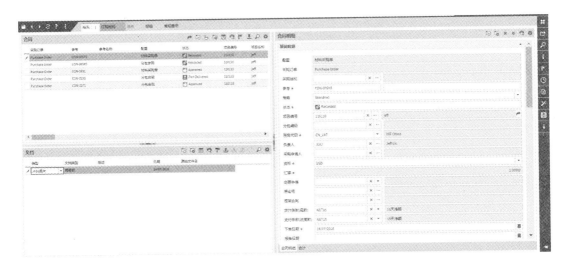

图 6.2.7-2 填写合同明细与关联文档

（3）确认合同信息无误后，管理者可以在侧边栏的【向导】 工具中点击"变更合同状态"来进行批准或否决，见图 6.2.7-3。

图 6.2.7-3 变更合同状态

6.2.8　进度表单

在项目开始进行合同交付时，用户可在【进度表单】模块记录每一次的交付情况，并可查看每个物料的具体交付信息，记录在这里的信息将来可用作对账和付款确认的基础与凭证，具体操作如下。

（1）在【进度表单】模块中，单击【进度表单】窗口工具栏中【新建记录】 工具，创建新的进度表单。并在【合同】字段的下拉菜单内选择相应的合同与采购分包，见图 6.2.8-1。

图 6.2.8-1　新建进度表单

（2）转到【进度表单-物料】标签页，点击【物料】窗口工具栏中的【新建记录】 工具来创建物料，在【物料明细】窗口中选择合同物料并填写交货量等其他信息，见图 6.2.8-2。

图 6.2.8-2　选择物料并填入交货量

6.2.9　账单

在【账单】模块中可对供应商的账面发票进行记录，对账确认后，信息也将通过接口传送至企业的 ERP 财务系统，完美打通项目管理平台与企业管理平台，实现账务的精益管理。具体操作流程如下。

（1）在【账单】模块中，点击【账单】窗口工具栏【新建记录】 工具创建账单，并通过下拉菜单选择相应的合同、进度表单等，见图 6.2.9-1 。

（2）在【账单明细】窗口中填入税务代码等其他信息，并可上传相关联的文档资料，见图 6.2.9-2。

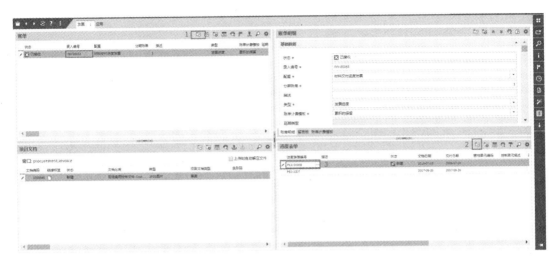

图 6.2.9-1　新建账单并关联进度表单及合同

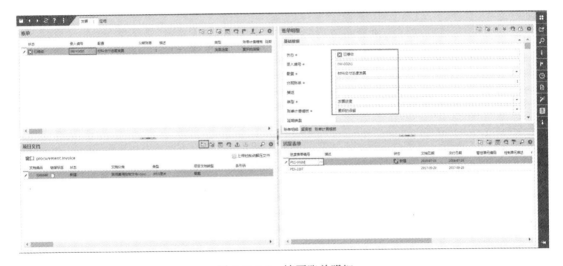

图 6.2.9-2　填写账单明细

6.2.10　实际采购业务流程

上述流程为企业内部对采购全流程的内部采购管理与记录流程。

在此基础上，企业可以根据目前采购管理方式，制定相关的工作流，开放相应模块权限给供应商，并与自身的 ERP 财务系统对接，把实际采购业务全流程直接在 iTWO 4.0 平台上完成。

1. 制订相应工作流

iTWO 4.0 平台拥有强大、灵活的工作流系统，可实时提取平台中的数据，设置工作流的触发条件并发送至平台中定义的责任人，可按照企业内部的管理流程进行层层审批，并可自动判断数据量，进行不同的流程触发（如采购金额<50 万，触发 A 流程；采购金额≥50 万，触发 B 流程，发送至不同的上层负责人进行审批）。具体工作流的编辑可在管

理界面中的【流程设计器】模块进行定义，见图 6.2.10-1。

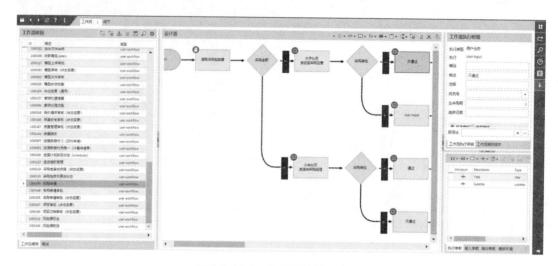

图 6.2.10-1　流程设计器示意图

2. 开放相应模块权限给供应商进行协同工作

企业可根据自身的采购实际需求开放相应权限给供应商，使得双方可在平台进行协同工作。如提供给供应商【报价】模块的权限，使供应商能直接进入平台进行填价，或开放【进度表单】模块让供应商对交货情况进行记录。实际应用模式可根据实际情况灵活调整，见图 6.2.10-2。

图 6.2.10-2　定义供应商权限

3. 与 ERP 系统进行对接

iTWO 4.0 可根据用户需求开放相应 API 与 ERP 系统进行对接。如在平台中的采购分包、采购相关模块，可跟企业 ERP 系统的供应链管理相关模块进行对接，【账单】模块可跟企业 ERP 系统的财务模块对接，使企业 ERP 系统的数据有一个可追溯的数据来源，并能实时更新动态成本数据。所有的采购数据可按账单-进度表单-合同-报价-采购包-算量计价-模型的方式追溯到最根源的数据。

注：实际对接需要 RIB 与企业以及 ERP 厂商调研确定。

6.3　iTWO 4.0 投标请款管理

针对建筑行业的特点，施工企业在工程项目中投入的资金往往将根据施工进度分阶段获得回收，而项目的成本通常是随施工进度而存在变化的。将 BIM 技术与 4D、5D 结合起来应用于工程进度支付的工作中，对于施工企业来说具有预估模拟与分析核准的作用。在项目开展的前期，企业利用 BIM 模型模拟完整的施工进度，对项目全过程具备全局角度的把握，为资金的流转做好更充足的准备。当项目开工后，由模型进行的模拟可以及时比较项目的进展情况。这样的进度控制摆脱了传统的通过几张纸来汇总工程进度的情况，有了直观的进度模拟，可以同实际情况加以比较，为合理支付及回收工程进度款提供科学的依据。[10] 在 iTWO 4.0 平台中，施工单位可以依据现场进度完工情况创建工程量审核工作，然后向业主单位进行请款。

本章主要讲述在 iTWO 4.0 平台中的投标管理及请款。

内容主要包括创建投标、合同、工程量审核以及请款。

6.3.1　投标请款流程

投标及请款模块主要流程见图 6.3.1。

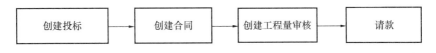

图 6.3.1　投标及请款模块主要流程

投标是工程项目的乙方应招标方要求对项目进行价格投递，基本上基于清单进行。这个过程是从设计模型中来进行算量计价，并生成对应的投标，从而保证其唯一真实的信息来源。对于在【合同】模块，允许用户查看所有项目合同的完成状态，这一模块带来的透明度和及时可用的信息有助于促进更高层次的信任。确保已完成的工程量能按时支付以保障施工企业的利益，在【工程量审核】模块中，所有工作的完成量和相关文件都可以一目了然。在【请款】模块中，将基于合同及工程量审核生成账单，且可与前后的账单相关联。

6.3.2　创建投标

创建投标操作方法分别有以下两种：

1. 方法一

（1）确保工程子目已与其对应的工程量清单子目成功匹配；

（2）在【工程计价】模块中的【工程子目】窗口下，找到【工程量清单与数量关系】一列，选择内容为"从子目到结构"。

> 注：【从子目到结构】：复制工程子目工程量价到工程量清单；
>
> 【从结构到子目】：复制工程量清单量价信息到工程子目；
>
> 【无关联】：无关联。

（3）在【工程计价】模块完成调价取费后，在侧边栏的【向导】 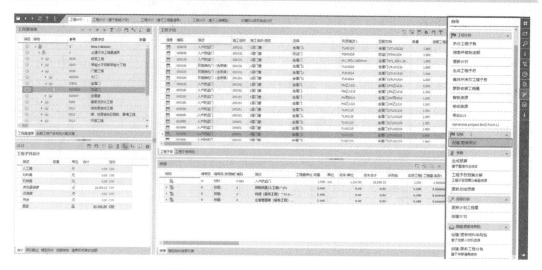 工具中 选择"创建/更新报价"，见图 6.3.2-1。

注：请确保当前项目已选择对应的【商业伙伴】即投标报价对应的招标人。

图 6.3.2-1　基于工程量清单创建投标

（4）在弹出【基本设置】对话框中，根据用户需求，选择"创建报价"，输入新报价清单的"编号"与"描述"，点击"下一步"，在【结构设置】窗口中，点击"下一步"，在【单价分解设置】窗口，点击"执行"，即可完成由估算结果创建新的报价或返回清单，见图 6.3.2-2。

注：如报价清单不需要做单价分解，可不勾选"使用单价分解"项，直接点击"执行"。

图 6.3.2-2　设置投标信息

（5）报价创建完成后平台将自动跳转到【投标】模块，并成功创建基于工程量清单结果的投标子目。

2. 方法二

（1）进入【投标】模块，点击【投标】窗口工具栏中的【新建记录】工具，录入"编码"，"描述"，"职员"，"项目名称"，"商业伙伴"以及"客户信息"，点击"确定"按钮，见图 6.3.2-3。

图 6.3.2-3　手动创建投标

（2）在侧边栏的【向导】工具 中选择"接管清单"选项，见图 6.3.2-4。

图 6.3.2-4　设置投标对应清单

（3）在弹出的【接管清单】对话框中选择对应工程量清单，单击"确定"按钮，见图 6.3.2-5。

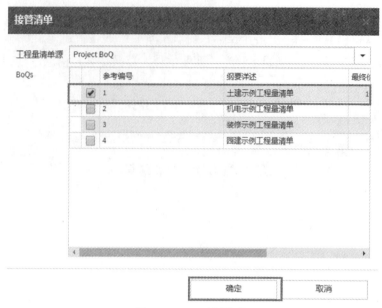

图 6.3.2-5　选择清单

6.3.3　创建合同

从工程计价中创建投标后，可以基于现有投标创建合同。

1. 方法一

（1）选择其中一个投标，在侧边栏的【向导】 工具中选择"更改投标状态"，在弹出的窗口中，把投标状态改成"已提交"（只有在投标状态时，"已提交"才能创建合同），见图 6.3.3-1。

图 6.3.3-1　改变投标状态

（2）选择状态为"已提交"的投标，通过【向导】 工具，选择"创建合同"，在弹出【创建合同】对话框中，选择对应的"通用类别"，输入描述，点击"确定"创建合同，见图 6.3.3-2。

图 6.3.3-2 基于投标创建合同

（3）页面会自动跳到【合同】模块，可以检查从投标中继承到合同的工程量清单，投标工程量清单的所有内容将继承到合同清单中，见图 6.3.3-3。

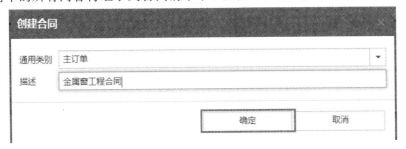

图 6.3.3-3 设置合同描述

2. 方法二

（1）进入【合同】模块，点击【合同】窗口工具栏中的【新建记录】 工具，在弹出【合同】对话框中，选择相对应的投标，可以设置此合同对应的主合同，录入"编码"，"描述"以及"职员"，点击"确定"按钮，见图 6.3.3-4。

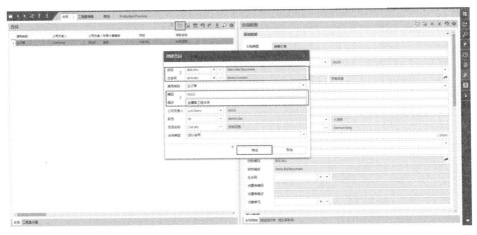

图 6.3.3-4 手动创建合同

（2）在侧边栏的【向导】 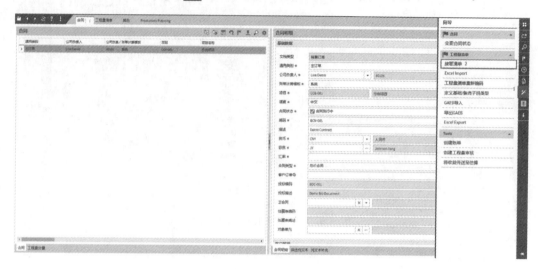 工具中单击"接管清单"选项，见图 6.3.3-5。

图 6.3.3-5　设置合同对应清单

（3）在弹出的【接管清单】对话框中，在【工程量清单源】中选择从"项目清单"或"投标清单"中继承工程量清单到该合同子目，选择对应工程量清单，点击"确定"按钮，见图 6.3.3-6。

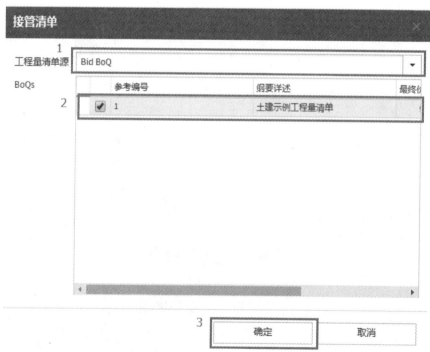

图 6.3.3-6　选择清单

6.3.4　创建工程量审核

在创建合同之后，可以基于该合同创建相应工程量审核，工程量审核可以用来基于工程量清单记录一定时期的项目进度。

1. 方法一

（1）选择其中一个合同，在侧边栏的【向导】工具中选择"变更合同状态"，在弹出的对话框中，把合同状态改成"合同执行中"（只有"合同执行中"状态时，合同才能创建工程量审核），见图6.3.4-1。

图 6.3.4-1　改变合同状态

（2）选择状态为"合同执行中"的合同，通过【向导】工具，选择"创建工程量审核"，在弹出的【生成工程量审核记录】对话框中，选择对应的【通用类别】为"工程量审核"，输入描述，勾选相应合同，点击"确定"，见图6.3.4-2。

图 6.3.4-2　基于合同创建工程量审核

（3）平台会自动跳转到【工程量审核】模块，可以检查从合同中继承到工程量审核的工程量清单，见图6.3.4-3。

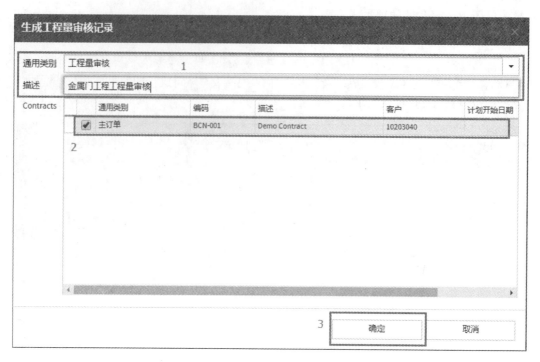

图 6.3.4-3　设置工程量审核信息

2. 方法二

（1）进入【工程量审核】模块，点击【工程量审核】窗口工具栏中的【新建记录】 工具，在弹出【创建工程量审核】对话框中，选择相对应的合同，录入"编码"，"描述"以及"职员"，点击"确定"按钮，见图 6.3.4-4。

图 6.3.4-4　手动创建工程量审核

（2）在侧边栏的【向导】 工具中单击"接管清单"选项，见图 6.3.4-5。

（3）在弹出的【接管清单】对话框中，在【工程量清单源】中选择从"项目清单"或

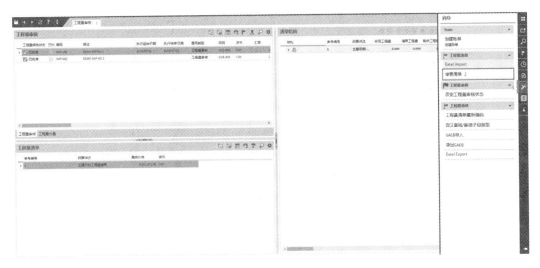

图 6.3.4-5　设置工程量审核对应清单

"投标清单"或"合同清单"中继承工程量清单到该工程量审核子目，选择对应工程量清单，点击"确定"按钮，见图 6.3.4-6。

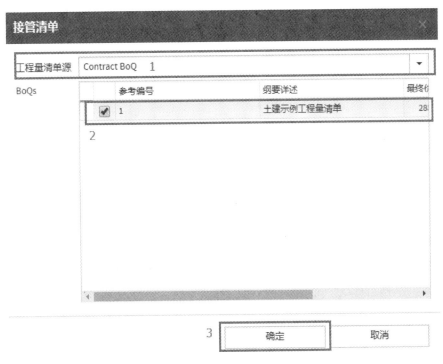

图 6.3.4-6　设置清单

6.3.5　工程量审核应用

（1）在创建工程量审核后，可以设置该工程量审核的【执行起始日期】和【执行结束日期】，从而确定该工程量审核的记录周期，见图 6.3.5-1。

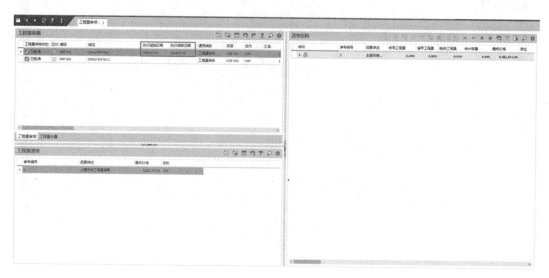

图 6.3.5-1　设置录入完成工程量的周期

（2）工程量审核是用于记录已完工工程量，可以把完工工程量在【清单结构】窗口中的【清单工程量】列中进行录入，剩余的工程量会自动基于合同工程量进行计算，见图 6.3.5-2。

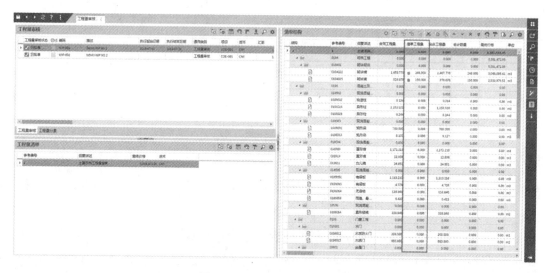

图 6.3.5-2　录入完成工程量

（3）同时，也可以在一个清单项中分别记录多个工程量，选择【清单结构】窗口中的一个清单条目，在【工程量分量】窗口中建立多个条目，并输入工程量，输入的工程量会自动汇总到对应的清单条目中，剩余工程量也会自动计算显示，见图 6.3.5-3。

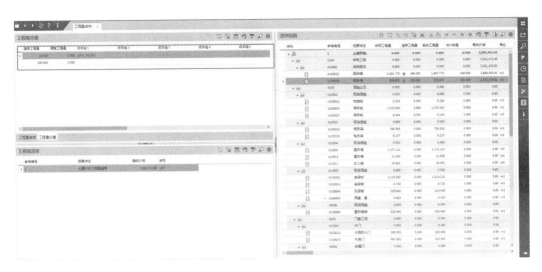

图 6.3.5-3　通过工程量分量录入完成工程量

6.3.6　创建请款

在创建工程量审核之后，可以基于该工程量审核创建对应请款，请款可以基于工程量审核记录的完工记录作为对应的凭证。

1. 方法一

（1）选择其中一个工程量审核，在侧边栏的【向导】⚒工具中选择"改变工程量审核状态"，在弹出的对话框中，把工程量审核状态改成"已批准"，见图 6.3.6-1。

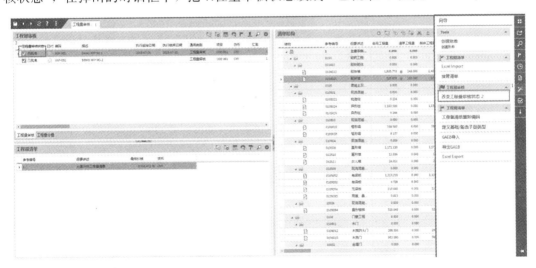

图 6.3.6-1　改变工程量审核状态

（2）选择状态为"已批准"的工程量审核，通过【向导】⚒，选择【创建账单】，在弹出的【从工程量审核创建请款】对话框中，选择对应的【通用类别】，可以选择对应的"上一账单",勾选相应的工程量审核,点击"确定",见图6.3.6-2。

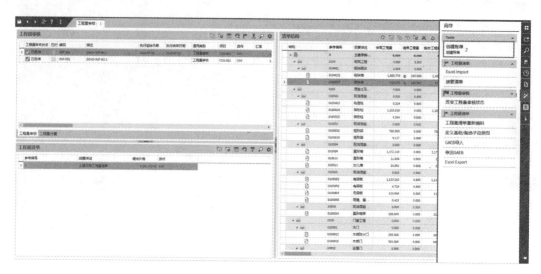

图 6.3.6-2 基于工程量审核创建请款

（3）平台会自动跳到【请款】模块,可以检查从工程量审核中继承到请款的工程量清单,见图 6.3.6-3。

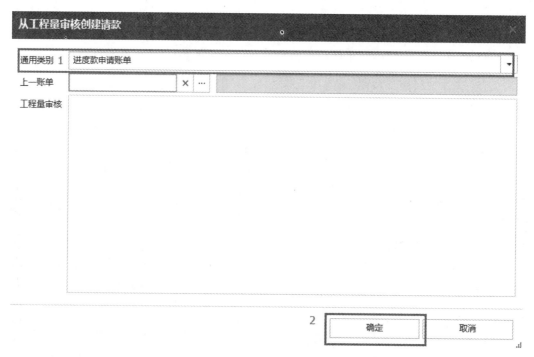

图 6.3.6-3 创建请款

2. 方法二

（1）进入【请款】模块,点击【账单】窗口工具栏的【新建记录】 工具,在弹出的【创建账单】对话框中，选择相对应的合同，可以选择对应的【上一账单】，录入"账单号码"，"描述"以及"职员"，点击"确定"按钮，见图 6.3.6-4。

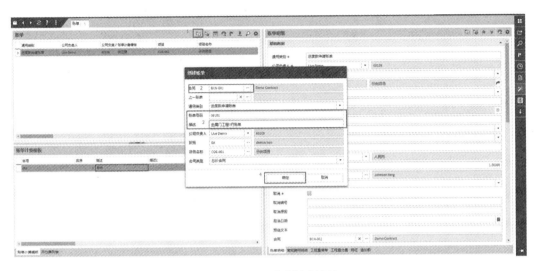

图 6.3.6-4　手动创建请款

（2）在侧边栏的【向导】 工具 中单击"接管清单"选项，见图 6.3.6-5。

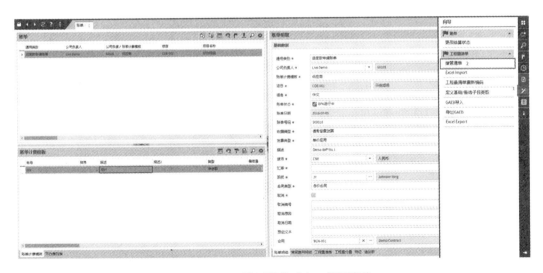

图 6.3.6-5　设置请款对应工程量清单

（3）在弹出的【接管清单】对话框中，在【工程量清单源】中选择从"项目清单"或"投标清单"或"合同清单"中继承工程量清单到该请款条目，勾选对应工程量清单，点击"确定"按钮，见图 6.3.6-6。

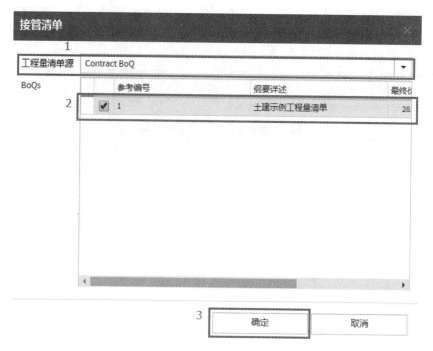

图 6.3.6-6　选择清单

6.4　iTWO 4.0 质量安全管理

本章主要讲述在 iTWO 4.0 平台中的质量安全管理。

内容主要包括：缺陷模块以及 APP Defect Management（质安管理）的应用。

6.4.1　iTWO 4.0 质安管理流程

质安管理主要流程见图 6.4.1。

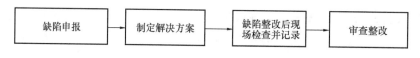

图 6.4.1　质安管理主要流程

iTWO 4.0 是基于 BS 架构的企业管理云平台，在质量管理流程中完全体现了 iTWO 4.0 的特点——大数据集成，数据实时整合以及唯一数据源。在质量管理流程中使用到的浏览器端以及移动端 APP 都是基于同一服务器，因此数据能即时反馈与保存。

6.4.2　缺陷申报

此项工作主要基于移动端 APP Defect Management（质安管理）的应用。

在现场发现质量问题时，施工方相关工作人员可以直接通过移动端 APP 对问题进行记录及汇报，详细过程如下。

（1）打开缺陷管理 APP（iTWO 4.0 的相关 APP可以在应用商店下载）。

（2）若是首次使用（没有任何缺陷记录），在主界面中，点击屏幕中间的【新建】按钮，即可进入【新建缺陷】界面。若已有缺陷记录，点击主界面右上方的【新建】按钮进入【新建缺陷】界面，见图 6.4.2-1。

（3）在【新建缺陷】中填写缺陷信息，完成后点击右上角【确定】按钮，缺陷记录创建完成，见图6.4.2-2。

（4）在主界面中，用户可以查看所有缺陷记录（受权限控制限制），见图 6.4.2-3。

（5）点击需要查看或者更新的缺陷记录，可以选择【缺陷详情】，见图 6.4.2-4，【评论】，【图片】【缺陷详情】：用户可以查看该缺陷详细的基本信息。

【评论】：可以对缺陷进行描述、备注、补充、提问等，评论中可以直接附上图片。

【图片】：以附件的形式查看或者上传作为补充的照片。

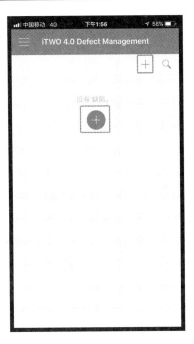

图 6.4.2-1 移动端 APP 新建缺陷

上传照片操作方法分别有以下两种：

方法一：

① 选择缺陷记录【20180720001 现场质量缺陷】，点击【评论】，见图 6.4.2-5。

图 6.4.2-2 移动端 APP 填写缺陷信息

图 6.4.2-3　移动端 APP 查看缺陷　　图.4.2-4　移动端 APP 查看及更新缺陷详情

　　② 在评论中，输入补充描述【现场混凝土柱裂缝】，选择左下角【相机】直接拍照或左下角第二个【照片】选择本地图片，见图 6.4.2-6。

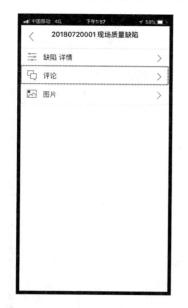 

图 6.4.2-5　移动端 APP 缺陷评论　　图 6.4.2-6　移动端 APP 新建缺陷评论

　　方法二：

　　① 选择缺陷记录【20180720001 现场质量缺陷】，点击【图片】，见图 6.4.2-7。

　　② 在【添加一张图片】中选择【拍照】直接拍照，或选择【从相册选择】选择本地照片，见图 6.4.2-8。

图 6.4.2-7　移动端 APP 上传缺陷图片　图 6.4.2-8　移动端 APP 上传方式选择

6.4.3　制定解决方案

制定解决方案主要流程见图 6.4.3-1。

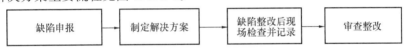

图 6.4.3-1　制定解决方案主要流程

此项工作主要基于 iTWO 4.0 平台中【缺陷】模块的应用。

由施工方或监理方通过线下讨论等方式制定解决方案后，用户可以在线上回复缺陷解决方法：

① 登录 iTWO 4.0 平台，进入【项目】模块，见图 6.4.3-2。

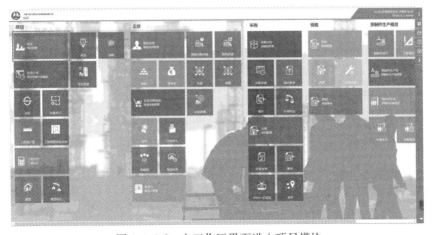

图 6.4.3-2　在工作区界面进入项目模块

② 选择所在项目，钉选项目或选择项目及缺陷相关的模型，钉选模型，见图 6.4.3-3。

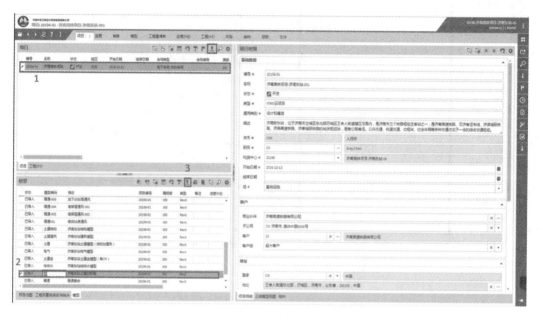

图 6.4.3-3　钉选项目与模型

③ 回到工作区界面，进入【缺陷】模块，见图 6.4.3-4。

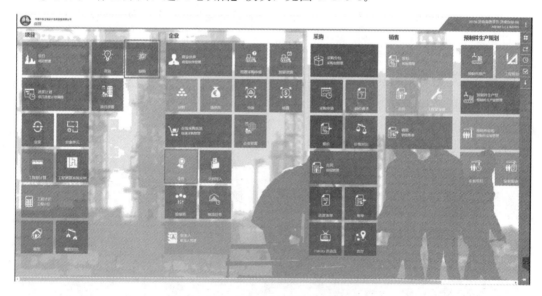

图 6.4.3-4　在工作区界面进入缺陷模块

④ 在【缺陷】模块中，选择需要回复的缺陷记录，在【注释】窗口可以直接回复并附加图片用作参考，见图 6.4.3-5。

⑤ 在【主数据文本】窗口中，可以为该缺陷制定整改方案或处理措施等，见图 6.4.3-6。

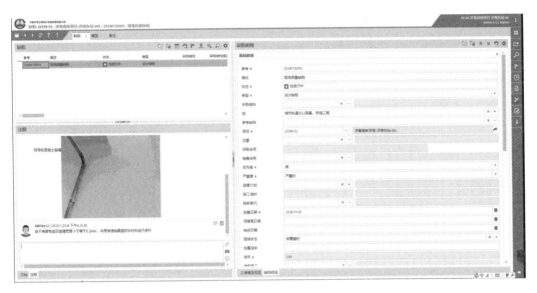

图 6.4.3-5　在注释窗口录入评论

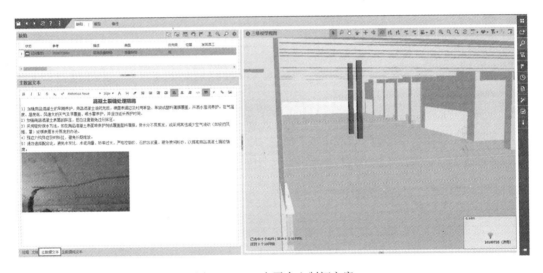

图 6.4.3-6　在平台上制订方案

⑥ 若需要直接附加参考文档，点击【文档】窗口工具栏中的【新建记录】 工具，创建文档条目，然后单击【上传】 工具，上传参考文档，见图 6.4.3-7～图 6.4.3-9。

⑦ 关联缺陷记录到模型。在【缺陷明细】窗口的【模型编码】中，选择对应的模型，见图 6.4.3-10。

⑧ 在【三维模型视图】窗口查看模型，选择与缺陷记录一致的构件，见图 6.4.3-11。

⑨ 创建构件集。在侧边栏的【向导】 工具中选择"选取对象"，根据提示创建构件集，见图 6.4.3-12、图 6.4.3-13。

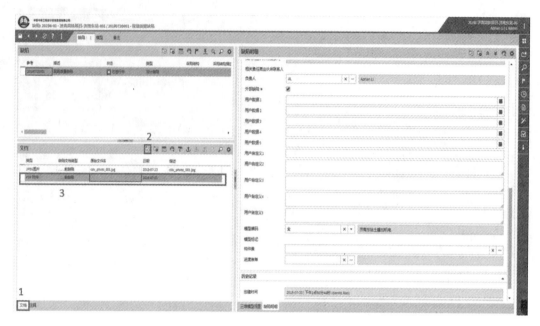

图 6.4.3-7　新建文档条目

图 6.4.3-8　选择文档

⑩ 关联构件集到缺陷记录。在【缺陷明细】窗口，展开【构件集】条目，选择对应的构件集，点击确认，见图 6.4.3-14、图 6.4.3-15。

⑪ 在侧边栏的【向导】 工具中单击"改变缺陷状态"，见图 6.4.3-16、图 6.4.3-17。

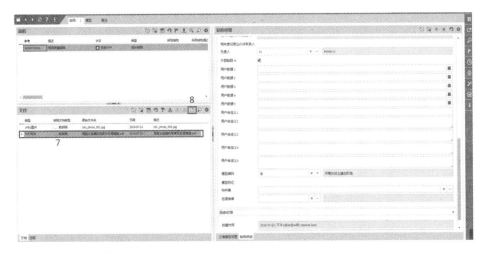

图 6.4.3-9 文档上传

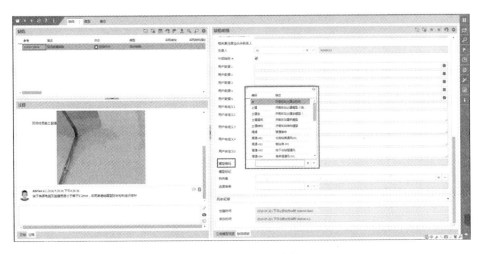

图 6.4.3-10 选择挂接模型

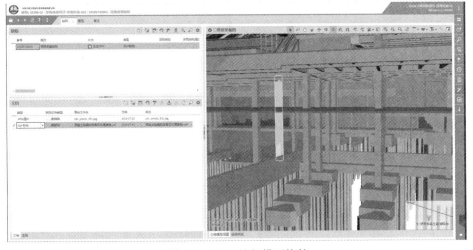

图 6.4.3-11 选择模型构件

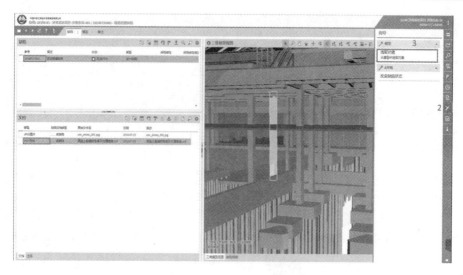

图 6.4.3-12　选取对象

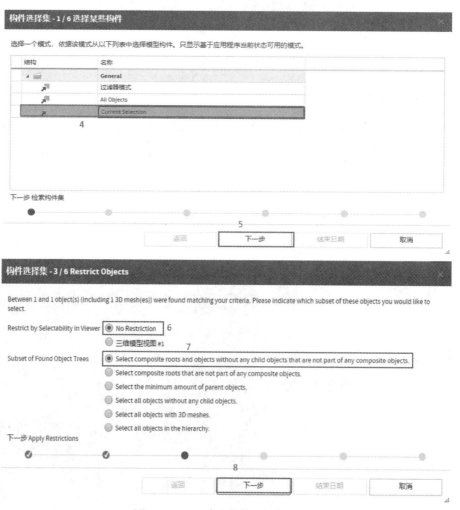

图 6.4.3-13　建立构件选择集（一）

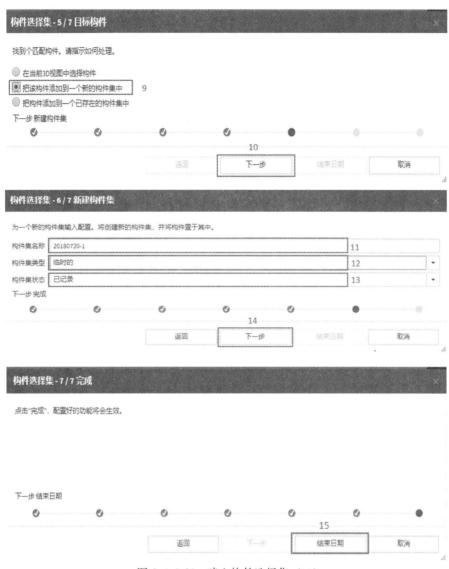

图 6.4.3-13　建立构件选择集（二）

图 6.4.3-14　挂接构件集

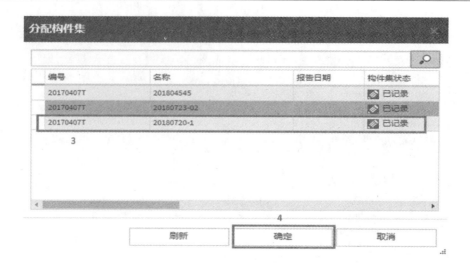

图 6.4.3-15　分配构件集

图 6.4.3-16　改变缺陷状态

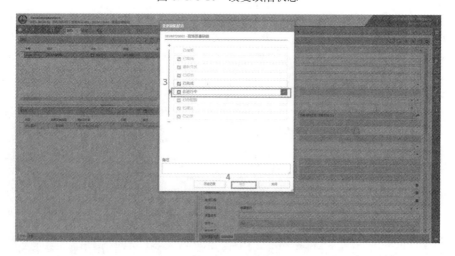

图 6.4.3-17　改变缺陷状态

6.4.4　缺陷整改后现场检查并记录

此项工作主要基于移动端 APP Defect Management（质安管理）的应用。

根据所制定的整改方案在线下完成整改后，由业主方或监理方在现场进行检查以及记录：

（1）选择缺陷记录【20180720001 现场质量缺陷】，点击【评论】，见图 6.4.4-1。

图 6.4.4-1　移动端 APP 缺陷录入评论

（2）在【评论】中查看缺陷回复，并进行相应更新，见图 6.4.4-2。

整改完成后，上传照片操作方法分别有以下两种：

（1）方法一：

在评论中，点击右上角【新建】，输入整改结果"整改完成"，选择左下角【相机】直接拍照或左下角第二个【照片】选择本地图片，见图 6.4.4-3。

（2）方法二：

① 选择缺陷记录【20180720001 现场质量缺陷】，点击【图片】，见图 6.4.4-4。

② 在【添加一张图片】中选择【拍照】直接拍照，或选择【从相册选择】选择本地照片，见图 6.4.4-5。

③ 更改缺陷状态。选择缺陷记录【20180720001 现场质量缺陷】，点击【缺陷详情】，见图 6.4.4-6。

④ 在【详情】中点击右上角【编辑】，在【状态】

图 6.4.4-2　移动端 APP 查看评论回复

图 6.4.4-3　移动端 APP 添加评论与照片

图 6.4.4-4　移动端 APP 上传图片

图 6.4.4-5 移动端 APP 上传图片

图 6.4.4-6 移动端 APP 缺陷详情

中选择目标状态，选择右上角【确定】，见图 6.4.4-7。

图 6.4.4-7　移动端 APP 改变状态

6.4.5　审查整改

此项工作主要基于 iTWO 4.0 平台中【缺陷】模块的应用。

由业主方或监理方领导对缺陷做是否最终解决的审查与确认。

（1）登录 iTWO 4.0 平台，进入【项目】模块，见图 6.4.5-1。

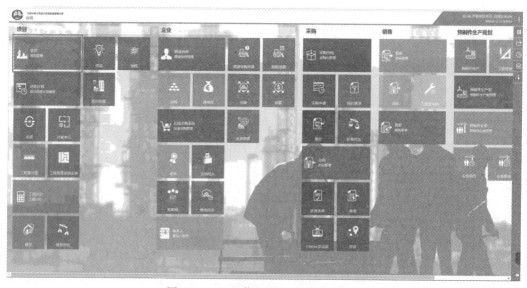

图 6.4.5-1　工作区界面进入项目模块

（2）选择所在项目，钉选项目或选择项目及缺陷相关的模型，钉选模型，见图6.4.5-2。

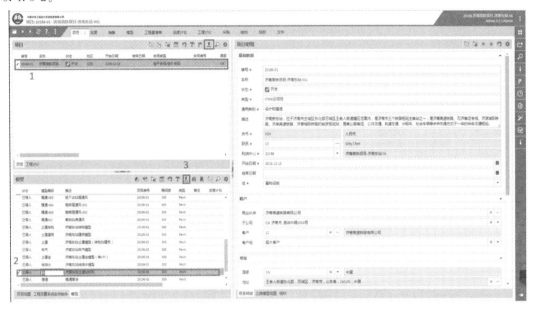

图 6.4.5-2 钉选项目与模型

（3）回到工作区界面，进入【缺陷】模块，见图 6.4.5-3。

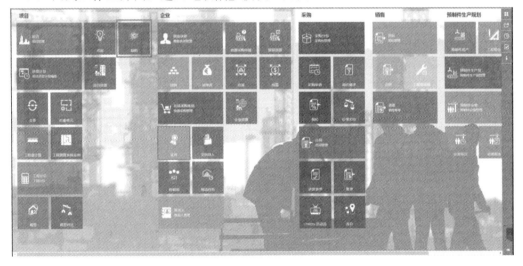

图 6.4.5-3 主界面进入缺陷模块

（4）在【缺陷】窗口中选择需要查看的缺陷记录，在【缺陷明细】中查看基本信息，见图 6.4.5-4。

（5）在【注释】窗口可以查看由移动端 APP 发送的评论信息，见图 6.4.5-5。

（6）在【文档】窗口可以查看由移动端 APP 上传的附件，见图 6.4.5-6、图 6.4.5-7。

（7）审查完成后，使用侧边栏的【向导】 工具改变缺陷状态，见图 6.4.5-8~图 6.4.5-10。

图 6.4.5-4　缺陷详细信息

图 6.4.5-5　注释窗口查看评论

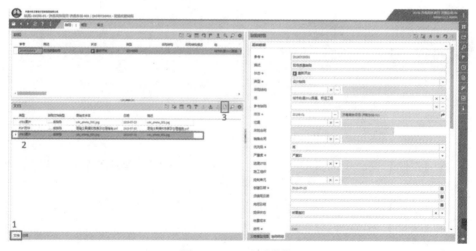

图 6.4.5-6　查看附件

图 6.4.5-7 图片附件

图 6.4.5-8 改变缺陷状态

图 6.4.5-9 改变缺陷状态

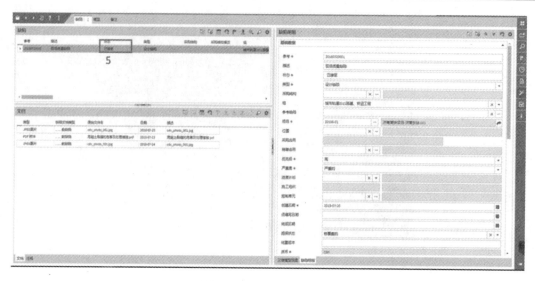

图 6.4.5-10　变更后状态

6.5　iTWO 4.0 变更管理

在项目施工过程中，由于业主、设计或施工等原因造成的变更时有发生，工程变更的直接结果会造成投资的增加、进度的延误，此时，在 iTWO 4.0 平台中我们需要做的就是将变更后的模型上传至平台，通过模型对比模块，快速找出变更的构件集，及时统计出变更工程量，计算变更费用，对施工进度作出适当的调整，及时调整人员物资的分配，将由此产生的进度变化控制在可控范围内。

本章主要讲述在 iTWO 4.0 平台中的变更管理。

内容主要包括：模型对比以及变更管理。

6.5.1　模型对比及变更管理模块流程

模型对比及变更管理模块主要流程见图 6.5.1。

图 6.5.1　模型对比及变更管理模块主要流程

【模型对比】模块可以基于两个不同版本的模型，智能对比出这两个模型之间的差异，并以饼状图或柱状图呈现总体的差异，也可以基于模型高亮出存在差异的构件。通过快速选取变更构件，形成构件集，以便后续算量计价。【变更】模块可以通过新建变更条目，从而挂接到成本，采购等业务板块，实现对变更构件的全生命周期数据追踪以及管理。

6.5.2　模型对比

（1）进入【项目】模块，钉选项目后跳转至【模型】模块，添加并上传新模型，上传模型文件前必须保存新建的模型条目，见图 6.5.2-1。

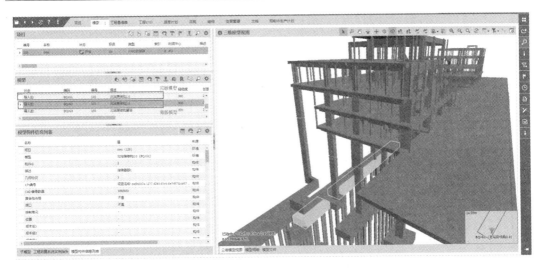

图 6.5.2-1　新旧版本模型

（2）待模型上传完成后，可以在【三维模型视图】窗口中查看模型，并钉选当前模型作为固定环境，然后切换回工作区主界面；

（3）进入【模型对比】模块，在侧边栏的【向导】 工具中选择"模型对比"，从而添加新的模型对比任务，见图 6.5.2-2。

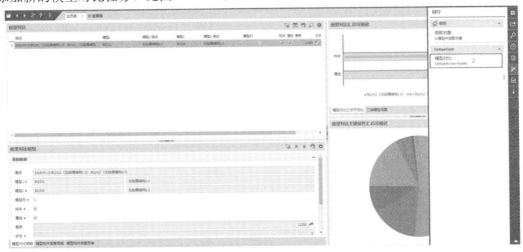

图 6.5.2-2　添加"模型对比"任务

（4）在弹出的【模型对比】对话框中按照提示选择要进行对比的两个模型以及对比项，见图 6.5.2-3。

注：【对比模型列】：对比整一个模型层级，例如对比模型精细度是否相同，模型编码是否相同等；

【对比模型构件】：对比模型的构件，例如对比哪些构件减少或添加；

【对比模型构件属性】：对比模型构件的属性，例如对比哪些属性是被修改的，删除的或者新增的。

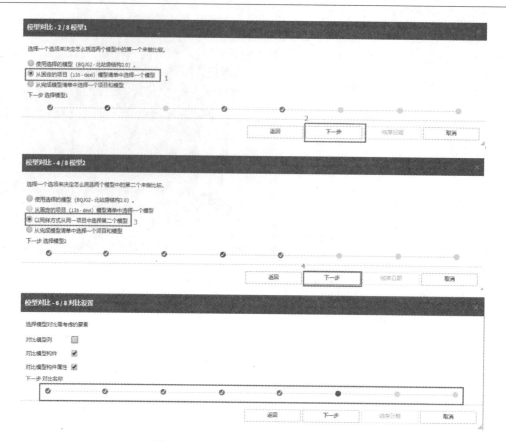

图 6.5.2-3　选择对比模型以及对比项

（5）点击结束，平台将在主窗口内生成一条模型对比记录。

（6）选中该对比记录，等待平台运行完成，可在右侧窗口内看到图标化的模型对比结果，在【模型对比汇总可视化】窗口中，平台按模型，构件，属性三个层级量化展现了模型的变更程度，在【模型对比关键属性汇总可视化】窗口中，平台用饼状图列举了构件属性变动的占比，见图 6.5.2-4。

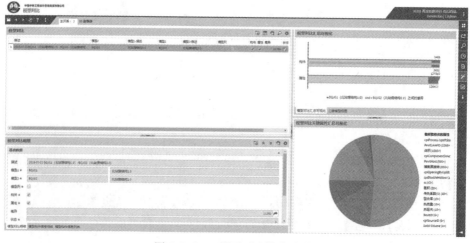

图 6.5.2-4　模型对比信息总览

（7）在【模型对比明细】窗口内，点击差异一栏中的跳转 按钮，可查看差异项列表，见图 6.5.2-5。

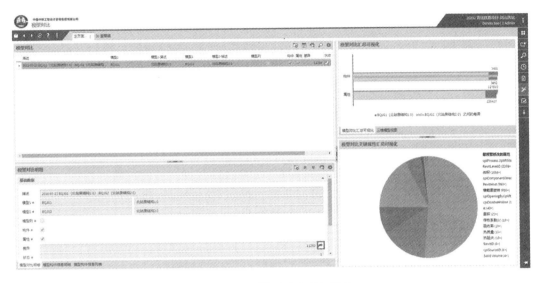

图 6.5.2-5　模型对比明细跳转

（8）单击侧边栏中的【搜索】 工具，然后单击【设置】 工具，输入"每页记录条数"可以设置【差异】窗口中显示的条目，见图 6.5.2-6。

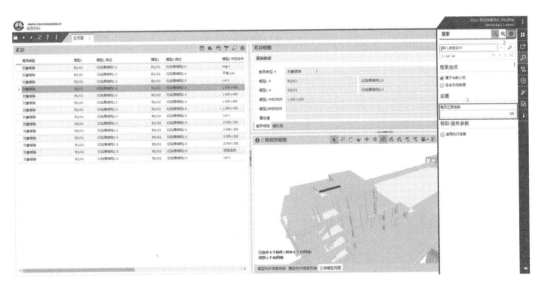

图 6.5.2-6　设置搜索上限

（9）点击【差异】窗口中的任一差异条目，对应的构件会在【三维模型视图】窗口中高亮显示，见图 6.5.2-7。

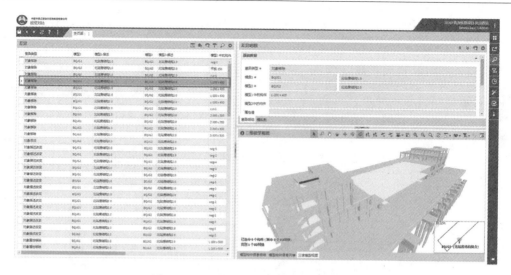

图 6.5.2-7　模型高亮显示存在差异构件

6.5.3　建立变更构件集

（1）通过侧边栏的【搜索】 工具，点击【高级搜索】 ，并设置筛选条件，从而基于变更类型不同进行筛选，点击【搜索】，见图 6.5.3-1。

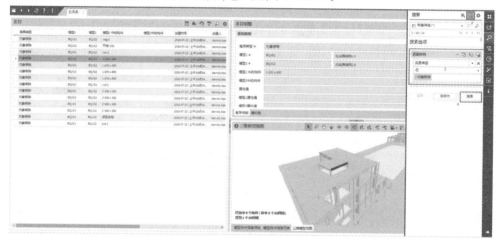

图 6.5.3-1　筛选差异

（2）单击选择【三维模型视图】窗口中的构件，在侧边栏的【向导】工具中点击"选取对象"，见图 6.5.3-2。

（3）在弹出的【构件选择集】对话框中，选择"Current Selection"（按当前三维视图选择构件），点击"下一步"，按照窗口提示，新建"构件集"，并对"构件集"进行命名，类型与状态的定义，见图 6.5.3-3～图 6.5.3-5。

注："构件集"指特定构件的集合，保存"构件集"后，可直接用于后续的算量计价等模块使用。

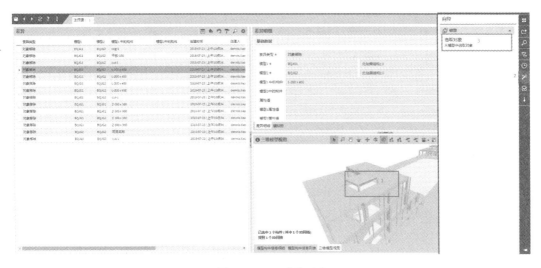

图 6.5.3-2　选取对象

图 6.5.3-3　选择 "Current Selection"（按当前三维视图选择构件）

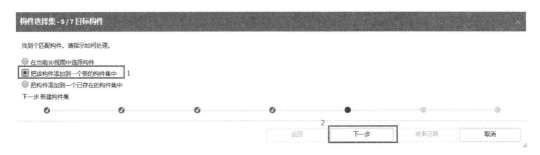

图 6.5.3-4　新建 "构件集"

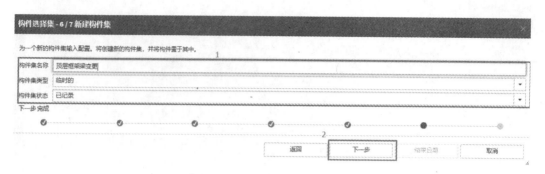

图 6.5.3-5　定义"构件集"

6.5.4　变更算量

在【工程测算系统实例】模块中,在【实例】窗口中新建一条新的"实例",在【构件集列表】窗口选择变更构件的"构件集",选中并拖拽至对应"实例"中进行计算,见图 6.5.4。

图 6.5.4　基于变更的"构件集"进行计算

6.5.5　变更记录管理

【变更】模块可以通过新建变更条目,从而挂接到成本,采购等业务板块,实现对变更构件的全生命周期数据追踪以及管理。

(1)进入【变更】模块,单击【变更】窗口工具栏中的【新建记录】 🖻 工具,创建新的变更条目,输入"编码","描述"等信息,见图 6.5.5-1。

(2)进入【工程计价】模块,选中基于变更构件计算出来的工程子目,在工程子目的【项目变更】列中选择创建的变更条目进行挂接。从而完成了工程子目与变更条目的挂接,后期可在【变更】模块中查看某条变更相关联的工程子目,见图 6.5.5-2。

图 6.5.5-1　新建变更条目

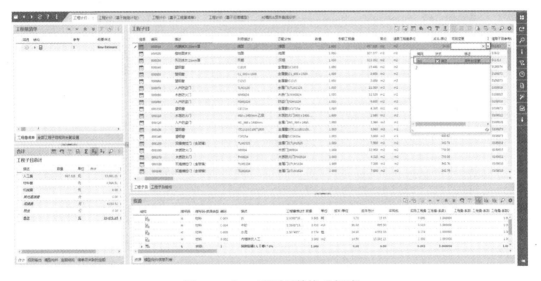

图 6.5.5-2　工程子目挂接"变更"

第7章 iTWO 4.0工程案例

为了使大家更好地掌握iTWO 4.0平台的应用流程和使用要点，下面以实际的工程项目——济青高速铁路济南东站站房项目为例，对模型优化、项目建立、系统算量、组价、进度计划等平台模块一一进行介绍，见图7-1。由于本章重点在于介绍工程项目在iTWO 4.0平台的实施流程，涉及平台的具体操作详见前文相关章节。

图7-1　济南东站

7.1　项目背景

新建济南至青岛高速铁路项目是山东省委、省政府确立的重大交通基础设施建设项目，是我省快速铁路网的"脊梁骨"项目，全省人民高度关注。线路自济南东站引出，沿既有胶济铁路北向东经章丘、邹平、淄博、临淄、青州，过潍坊后折向东南，经高密至胶州北，然后下穿青岛新机场，向南引入青岛枢纽红岛车站，之后向东与在建的青连铁路共线引入青岛北站。全线新设济南东、章丘北、邹平、淄博北、临淄北、青州北、潍坊北、高密北、青岛机场、红岛等10个车站，改造胶州北站，新建线路正线长度307.9公里。按照省委、省政府决策要求，计划2018年底建成通车。

济南东站建设地点为济南市历城区，是济南铁路枢纽的三个主客站之一，是集石济客专、济青客专、城际铁路、城市轨道交通、济南都市圈等多种交通于一体的综合交通枢纽，是新的城市副中心、城市发展的"新引擎"。济南东站车场规模为 13 座站台、27 条线，到发线临靠站台。站房综合楼国铁部分总规模 59740m²，旅客站台雨棚 61673m²；站区配套生产生活房屋 21512m²。站房共包括站房综合楼、旅客活动平台、高架候车层、站台柱雨棚等。

7.2 项目实施流程

（1）模型建立与模型导出

济南东站站房 BIM 模型根据中铁设计基于 iTWO 4.0 平台的建模标准，使用 Autodesk Revit 系列建模软件搭建站房及雨棚工程项目的全专业模型。涉及建筑、结构、给排水、暖通、电气、幕墙、内装等多个专业模型。为保证施工阶段 BIM 模型的应用，结合 BIM 技术应用方案及施工方案要求，完善模型构件信息，依据施工区域划分模型，保证模型精度达到 LOD300 的要求。然后进行模型检查工作，主要包括：检查模型与图纸的一致性；检查构件的扣减关系；检查构件属性参数是否完整并符合要求等，见图 7.2-1。

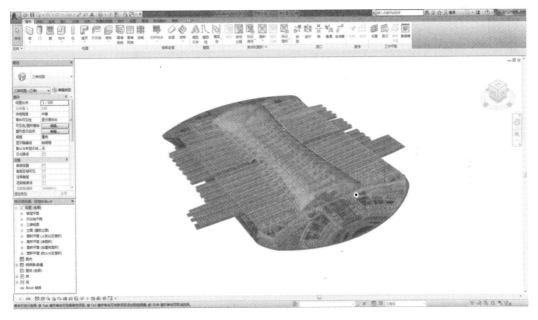

图 7.2-1 济南东站项目 Revit 整合模型

其中，为了确保在整个项目中，统一构件，搭建了济青轨道交通 BIM 构件库平台，可用于模型构件的上传和下载。通过技术积累，为后续其他项目提供数据支撑。

模型优化完成后，导出 BIM 三维模型。即在 Autodesk Revit 软件中生成".cpixml"格式文件。在已经安装"RIB iTWO"插件的前提下，在 Revit 中打开三维模型，使用附加模块选项卡中的"RIB iTWO"工具，导出后缀为".cpixml"模型文件。在导出模型之前，可对文件保存的位置、导出内容以及属性项做进一步自定义。后期，我们也可以通过 RIB 发布的基于 Revit 设计平台的 iTWO 3D 插件，将模型一键上传至 iTWO 4.0 平台。

（2）创建项目，导入模型

登录 iTWO 4.0 平台，创建项目条目，完善项目信息。然后进入模型模块，上传项目模型，在这里需要注意是：由于济南东站项目复杂、体量庞大、涉及专业众多，这里采用分专业的方式上传项目模型，如果需要在平台中查看总装模型，可以使用模型模块的"复合模型"功能，按照需求整合多专业模型。整合好的复合模型不仅能在模型模块支持多专业模型的浏览查看，还能在后期的 5D 施工模拟过程中进行项目的建造安装过程展示。在项目模块除了可以上传模型外，还可以对模型进行可视化漫游查看，对济南东站进行整体展示，还可以深入其中一个场景、一个细节进行浏览、查看，见图 7.2-2。

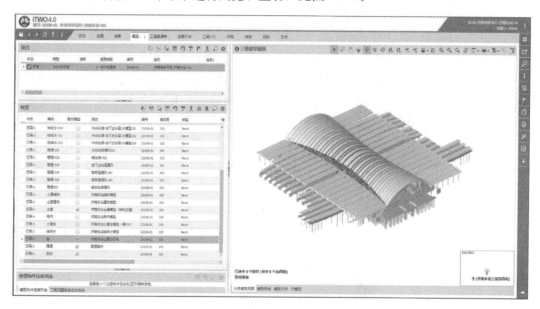

图 7.2-2　济南东站项目模型上传、浏览

（3）算量计价

进入算量计价模块，创建工程测算系统实例。由于济南东站项目比较复杂，需要多人协同算量，所以在建筑工程测算实例中按专业创建多个算量实例进行拆分算量，根据需要，后期可将算量计价的结果汇总到同一个工程量清单中，见图 7.2-3。

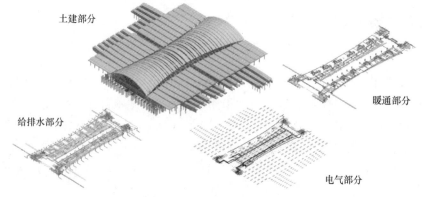

图 7.2-3　多专业拆分算量

在算量实例中，一开始可以通过筛选模型计算规则、通过侧边栏的过滤器筛选模型构件，进行构件工程量计算，然后将算量结果应用至工程估算模块，在其中完成组价等计价工作，最后与工程量清单挂接并将算量计价结果反馈至进度计划模块中。经过项目实践，中铁设计总结了一套符合铁路站房的算量规则，并在 RIB 技术专家团队的配合下，自定义算量计价规则，以脚本的形式将筛选模型规则、算量规则及组价规则一起写进计算规则中，实现"一键算量"，大大简化算量计价的工作，见图 7.2-4。

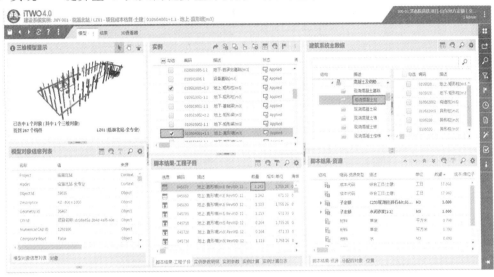

图 7.2-4　济南东站项目算量计价模块应用

与 iTWO 5D 不同，iTWO 4.0 平台可以将算量结果精确到构件级别，后期我们可以根据项目需求进行不同级别的算量成果统计。

最后将工程量的计算结果更新至已有工程量清单中，或者选择自行创建新的工程量清单。工程量清单的创建有多种方式，可以通过导入线下处理好的工程量清单直接生成清单，也可以手动创建，甚至可以复制其他项目的标准工程量清单作为基础。施工进度计划的生成也是如此，从中我们可以发现 iTWO 4.0 平台是一个跨项目的企业级管理云平台，我们可以调用其他项目中的数据作为本项目工作的基础，最大化的实现工程数据信息的重复使用，这也响应了时代赋予 BIM 的使命——解决项目不同阶段、不同参与方之间的信息结构化组织管理和信息交换共享。

在 iTWO 4.0 平台中，工程组价是在工程计价模块中完成。在该模块中，可以通过成本代码或材料子目自由创建工程量清单子目的组价方式，也可以利用在定额库中提前录入的定额子目进行计价。若工程量清单子目是从参考项目中调用的，那在创建过程中，将可以选择是否从参考项目计价细目中复制组价方式。注意：如需调用其他项目的工程量清单、参考项目的工程量清单或定额数据库，需要事前创建并设置好该清单，以便引用。

在中国清单计价模式下，利用项目编码的关联，在复制窗口中可自动生成关联提示以对应子目进行选择，或直接调用国家定额库或企业定额库中的数据。通过取费设置对成本进行取价，形成最终造价，传递到工程量清单中。计价细目的可参数化，即通过修改细目中的资源量、效率、成本系数等，实现计价的可控性。项目组价完成后，可以将工程量清单导出 EXCEL 表格，便于线下交流。

（4）进度管理

在进度计划模块中，在施工前期，将项目多种计划进度录入平台，比选出最优进度计划。在计价模块中的成本代码和材料可设置成工程子目中的资源进行管理，将工程子目与施工组织模块的相关条目进行挂接，这就可以在施工组织中对关键材料、关键成本等信息实施管控。利用现场编制的 MS Project 进度计划，将 BIM 模型与输入 Project 中数据匹配，并计算成本、劳动力，进行资源精细化管理。通过调整资源投入，优化进度工期直至满足工期需求。利用 iTWO 进行施工模拟，核查进度计划。同时通过录入实际施工进度，将实际进度模型与计划进度模型进行对比分析，通过颜色显示模型进度，进行计划纠偏，见图 7.2-5。

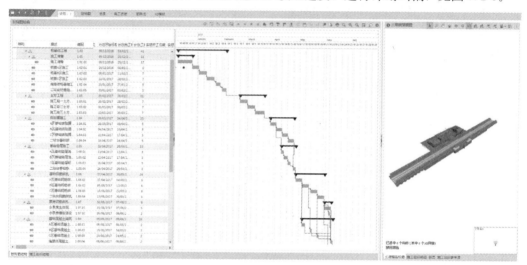

图 7.2-5　济南东站项目进度计划模块应用

（5）5D 虚拟建造

iTWO 4.0 平台提出的"工程子目"概念，将模型构件对应的工程量、单价、进度、采购包等一一关联。所以通过 BIM 模型集成进度、预算、资源、施工组织等关键信息，对施工过程进行模拟，及时为施工过程中的技术、生产、商务等环节提供准确的形象进度、物资消耗、过程计量、成本核算等核心数据，提升沟通和决策效率，对施工过程进行数字化管理，从而达到节约时间和成本，提升项目管理效率的目的。

在进度管理模块中，通过将 BIM 模型构件与施工进度计划相挂接，将空间信息、时间信息与成本信息整合在一个可视的 5D 模型中，直观、精确地反映整个建筑的施工过程。

5D 虚拟建造可以在项目建造过程中合理制定施工计划、精确掌握施工进度，优化使用施工资源，直观地对项目各分包、各专业的进场、退场节点和顺序进行安排，同时，通过项目施工方在平台中对项目实际进度信息、施工日志等施工信息进行录入，与计划进度进行对比，通过 BIM 模型可视化特性进行表达，达到对整个工程的施工进度、资源和质量进行统一管理和控制，从而缩短工期、降低成本、提高质量。

（6）质量管理

通过移动端应用 APP，在施工现场随时随地查看 BIM 模型及相关质量验收规范，现场技术人员除可查看本专业图纸和模型外，利用 iTWO 4.0 平台可同时查看相关专业的模型，了解其他专业的设计要求，将现场的建筑实体与 BIM 模型对比，直观快速的发现现场质量问题。

同时可利用移动端将现场发现的问题拍照并上传到 iTWO 4.0 平台中，对发现的问题进行责任人分派并实时跟踪问题处理状态，提高沟通效率，保证现场问题解决的及时性和准确性，加强对施工过程的质量控制，见图 7.2-6。

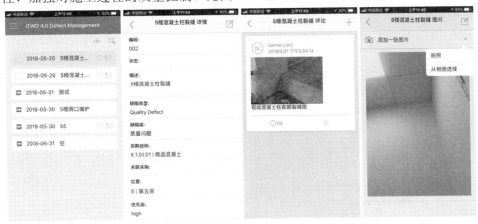

图 7.2-6　济南东站项目质量管理

（7）变更管理

在项目施工过程中，由于业主、设计或施工等原因造成的变更时有发生，工程变更的直接结果会造成投资的增加、进度的延误。此时，在 iTWO 4.0 平台中我们需要做的是将变更后的模型上传至平台，通过模型对比模块，快速找出变更的构件集，及时统计出变更工程量，计算变更费用，对施工进度作出适当的调整，及时调整人员物资的分配，将由此产生的进度变化控制在可控范围内。

对发生的变更，通过共享 BIM 模型，实现对设计变更的有效管理和动态控制。通过设计模型文件数据关联和远程更新，建筑信息模型随设计变更而更新，消除信息传递障碍，减少设计师与业主、监理、承包商、供应商之间的信息传输和交互时间，从而使索赔签证管理更具有时效性，实现造价的动态控制和有序管理，见图 7.2-7。

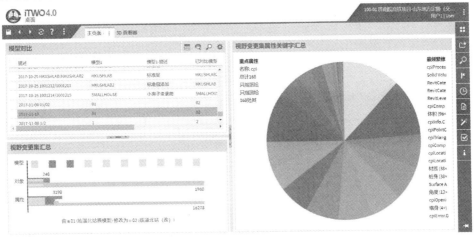

图 7.2-7　济南东站项目变更管理

7.3　平台应用总结

《铁路工程项目 BIM 试点实施纲要》提出了要建设项目各参与方协同工作的 BIM 管理平台的要求：根据当前铁路 BIM 技术应用的现状，重点围绕标准编制、数据编码、模型轻量化展示、模型与数据库关联等关键技术开展攻关，解决技术和管理问题，从容实现信息互通，最终构建数据集成、信息共享的统一平台，见图 7.3。

图 7.3　济南东站项目效果图

济青高铁建设比起一般的民建工程，技术含量高、专业分工细、投资规模大，尤其在施工过程中参与建设的单位众多，对整个工程的管理要求非常高，所以必须要结合协同管理平台的建设，对整个项目进行科学的管理，包括人员、权限、任务、流程、过程资料、交付等。并且，通过结合 iTWO 4.0 平台特性，使项目各参与方都可以基于 BIM 模型进行协同作业，最高效率地发挥各参与方及各专业间的协同能力，实现系统的整体涌现性。基于济南至青岛高速铁路项目的 iTWO 4.0 平台特性主要体现在以下几点：

（1）为项目各参与方建立统一的数据源，确保数据的准确性和一致性；

（2）为项目全过程中各参与方提供一个信息交流和互相协作的虚拟网络环境，满足各参与方在统一平台上进行协同管理，实现各参与方的沟通和交流，对数据和信息进行交换、集成、共享和应用。解决了多业务系统间的"信息孤岛"和二维图纸交流"信息断层"等问题；

（3）平台系统管理功能设计，符合适用性与先进性统一的原则。平台不仅具备协同平台常规的过程资料管理等功能，还结合建设方管理人员管理思路及方法，进行了定制化的功能模块开发，满足项目管理需求。

在铁路建设过程中，与中铁设计施工平台有效对接，不仅结合计算机辅助设计、成本分析、虚拟建造等先进工作，而且强化了过程控制和风险监控功能，实现项目管理数字化、智能化、网络化和集成化。

第8章　总结与展望

8.1　5D BIM 虚拟建造应用总结

现在以实际项目的 5D 施工模拟为例,描述在 iTWO 4.0 平台中主要的工作流程:

在由 RIB 技术专家设置好公司的工作环境、后台数据、企业层级及参与人员的权限后,项目实施人员登录平台,建立项目,完善项目信息,然后导入模型至平台中。

在模型导入之前,需要线下将设计模型进行优化处理,加入相关建筑信息,丰富模型内涵,扩展模型的应用范围。前期在模型中录入的信息将会涉及在后期 iTWO 4.0 平台中的算量计价、进度管控、招标成本、投标请款、变更管理、采购分包等各个模块,所以模型的几何信息和非几何信息是否准确、完善,是后期各个模块能否顺利实现其应用价值的保障。

对于复杂的工程项目,一般会分专业分楼层进行创建模型,在导入平台时,建议分专业导入平台,如果想在平台中查看总装模型,可以使用模型模块的"复合模型"功能,按照需求整合多专业模型。整合好的复合模型不仅能在模型模块支持多专业模型的浏览查看,还能在后期的 5D 施工模拟过程中进行项目的建造安装过程展示。

然后,我们可以在算量计价模块中开始工程量的计算,如果工程项目比较复杂,且需要多人协同算量,建议在建筑工程测算实例中按专业创建多个算量实例进行拆分算量,后期可根据需要将算量计价的结果汇总到同一个工程量清单中。当然,我们也可以按照项目的实施阶段,创建多个算量实例,方便后期成本对比。

在算量实例中,对于初学者而言,建议在一开始通过筛选模型计算规则、通过侧边栏的过滤器筛选模型构件,进行构件工程量计算,然后将算量结果应用至工程估算模块,在其中完成组价等计价工作,最后与工程量清单挂接并将算量计价结果反馈至进度计划模块中。除此之外,通过预设好的算量规则,平台可以将算量结果精确到构件级别,后期我们可以根据项目需求进行不同级别的算量成果统计。如果对平台比较熟悉,且对平台中的"工程测算系统基础实例"模块即"算量规则"有较深的研究,可以通过自定义算量计价规则,以脚本的形式将筛选模型规则、组价规则及清单挂接规则一起写进计算规则中,这样可以在算量模块中实现"一键算量",实现模型、算量计价规则与清单的一键挂接,大大简化算量计价的工作过程。

在工程量清单模块中,我们可以通过导入线下处理好的工程量清单直接生成清单,也可以手动创建,甚至可以复制其他项目的标准工程量清单作为基础。施工进度计划的生成也是如此,从中我们可以发现 iTWO 4.0 平台是一个跨项目的企业级管理云平台,我们可以调用其他项目中的数据作为本项目工作的基础,最大化的实现工程数据信息的重复使用,这也响应了时代赋予 BIM 的使命——解决项目不同阶段、不同参与方之间信息结构化组织管理和信息交换共享。

在进度计划模块中，通过录入项目多版本的计划进度，在甘特图结构窗口中进行多方案的进度计划对比；通过设置每个施工工序的紧前紧后工作，生成项目的关键线路。完成了进度计划模块的工作，我们就可以进行 5D 施工模拟展示，即随着时间的流逝，形象地展示出工程项目的建造过程及成本的推进情况。

8.2　iTWO 4.0 平台应用难点

目前 iTWO 4.0 作为企业级云平台虽然涵盖了预建造阶段、施工阶段的大部分应用内容，但在项目的实际实施过程中还有许多尚需完善和优化之处，编者仅从用户角度提出以下几点：

（1）需要资源投入形成建模规范

模型属性可用于 iTWO 4.0 模型构件筛选，模型算量，模型匹配计划与采购等。有固定的模型属性定义方式，还能形成算量、计划等模板。但能否实现模板化的便捷功能，很大程度上取决于是否已建立建模规范，以及建模时是否严格按模型标准创建模型。在前期建模部署环节，需要设计，成本与项目管理部门投入资源共同实现建模规范化。

（2）iTWO 4.0 平台模块尚未覆盖整个项目全生命周期

比如，运维管理方面暂未发布相关应用模块。当然，用户也可以通过二次开发，将自己已有的管理平台与 iTWO 4.0 平台有机结合，打造具有企业特色的协同管理平台。

8.3　iTWO 4.0 应用模块拓展——装配式

对施工单位而言，预制加工事实上是一项已经在工程中广泛使用的技术。现在施工过程中，施工单位会将需要使用的构件现场直接浇筑、施工或提前现场加工、制作并安装，当然也有购买商品化的构件，这些提前制作或购买的过程都可以称为"预制加工"。但预制加工作为一项技术，其可发挥的作用远不止于此。BIM 可以发挥更多的预制加工优势，是一项能够帮助施工单位实现高效率、高精度、高质量、低成本、不受自然条件限制的工厂化预制加工和现场高效安装完美结合的技术。[11]

随着建筑行业工业化水平的日益提高，许多发达国家都会在工厂里提前生产好预制件，然后运输到施工现场进行装配化组合安装。目前，这种高效快捷的装配式施工技术已经成为建筑产业现代化的重要标志。为了全面推动建筑信息化和工业化转型，中国住建部倡导到 2020 年末，建筑企业掌握并实现 BIM 与企业管理系统和其他信息技术的一体化集成应用。到 2020 年，装配式建筑占新建建筑的比例 20% 以上。到 2025 年，装配式建筑占新建建筑比例 50% 以上。

装配式建筑构件提前在工厂生产，有固定成型的模具，使得生产出来的构件规格更加标准，精确度大大提高；生产速度更加快捷、高效。装配式建筑是绿色、环保、低碳、节能型建筑，它的施工技术较传统工艺相比使施工现场更加整洁，最大程度减少了施工带来的污染，让周边居民享有一个相对安宁整洁的环境。工厂化施工的集中进行减少了现场施工作业量，施工工人就可以大大减少，这样装配式建造模式就节约了大量的人力资源，同时它能够提高施工效率，进而缩短了施工工期。装配式建筑建造模式给冬季施工提供了方便，装配式建筑所需的构件大多是在工厂集中生产，一般不受季节、天气的限制。建筑构件现场组装施工，减少了现场作业量，特别有利于冬季施工，较大程度上解决了北方地区冬季施工难的问题。装配式建筑抗震性能高、耐火性好、隔音效果好，能为人们提供一个更加舒适的生活环境。[12]

那么，如何在平台内实现预制件信息的有效管理，如何运用到实际的现场工作中，是我们需要探讨的课题。为此，RIB 集团推出建筑工业 4.0 一站式解决方案，探索工业 4.0 时代建筑业的制胜之道，助力中国建筑企业进行数字化转型、走在建筑工业 4.0 时代最前沿。建筑工业 4.0 一站式解决方案分为两大板块：

信息化——iTWO 4.0 5D BIM 企业级云平台，帮助建筑企业掌握并实现 BIM 技术在全企业所有建筑项目全流程的集成应用，实现从生产管理、项目管理到企业管理的信息化；

工业化——建筑工业化全流程咨询，为预制件工厂从策划、设计、建设、生产到装配化施工提供全流程咨询服务。信息化管理平台与工业化咨询相结合，推动建筑企业一站式实现信息化、工业化转型升级。[13]

在前期设计与 3D 模型交付后，项目就可以通过大数据平台进行管理。例如将模型导入 iTWO 4.0 平台进行算量计价，并根据施工计划，得出预制件的工程量与交付批次。这时，就需要将数据实时流转到排产、生产环节。在常规装配式生产流程中，通常包括：订单管理，产能管理，数据转换，生产管理，物流仓管，以及现场吊装，见图 8.3-1。

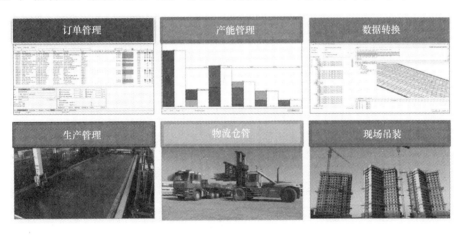

图 8.3-1　常规装配式生产流程

随着中国装配式建造行业的发展，当前建造行业中出现了数家装配式建造的佼佼者。当前，项目建造非常注重效率，RIB 集团旗下的奥地利 SAA 装配生产管理体系成为中国数个装配式建造考察团所关注的对象。下文将摘选介绍 RIB SAA 体系下的 iTWO PPS 和 iTWO MES，以及与 iTWO 4.0 之间的整合流程。

8.3.1　iTWO PPS 与 iTWO MES 流程

iTWO PPS 是 RIB SAA 旗下的装配式生产 ERP 管理系统。iTWO MES 是 RIB SAA

旗下的装配预制件智能生产线管理系统。两大系统贯穿装配预制生产全过程。所以，完成项目虚拟建造之后，iTWO 4.0 数据即可传送至 PPS 与 MES 系统进行预制件生产。主要流程如下：

（1）形成项目信息

基于项目规模，形成管理工厂订单报价。建立客户信息以及相关商业与技术文件管理。

（2）深化建造

利用平台专业规则使草图数据化，匹配 CAD 与 TIM。深化图纸完成后，基于产品订单的计划任务，相关图纸、货架列表、位置规划，以及施工进度信息将综合考虑。

（3）产能规划

根据设计任务，工厂将在平台进行产能规划。基于工厂设备流水线，指定设备轮班规划。按月/周/日制定的规划，可提前预测是否超出工厂产能负载。同时，平台还可以进行生产线之间的规划对比。完成排产后，就生成了规划生产日期与交货日期规划。

（4）生产流程

在总控端设备平台，平台可以显示各生产任务的状态。通过从总控电脑导入数据，状态可以得以更新。例如已获取数据 — 分配到货盘 — 生产完毕等。

（5）运输

平台将制定货运规划，包含运输时间，所需货车，预制件货物信息，补充材料，建筑现场零部件等。此外，会制定相关送货通知单，有效管理每批次货运的质量。

8.3.2　iTWO 4.0、iTWO PPS 与 iTWO MES 设想方案

为了便于用户能在统一的 iTWO 4.0 平台管控各装配式平台数据，RIB 集团正在紧锣密鼓进行 3 大系统整合。框架见图 8.3.2-1～图 8.3.2-3。

图 8.3.2-1　工作区主界面

通过对 iTWO 4.0、iTWO PPS 和 iTWO MES 的整合，可以最大程度节省数据交互时的重复工作，实现更有效的装配预制件项目管理、生产与物流管理，同时，有效将数据链接到企业级云平台，实时了解项目全流程数据状态。

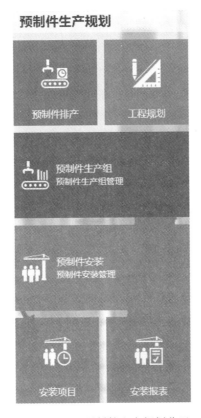

图 8.3.2-2　预制件生产规划分区

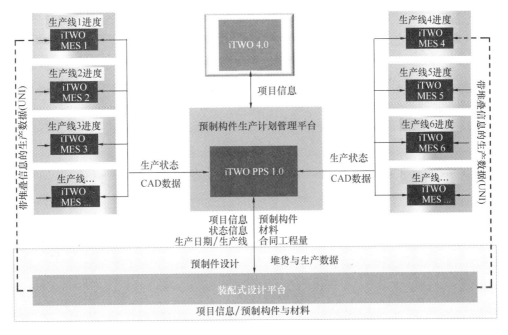

图 8.3.2-3　iTWO PPS

8.4　建筑地产行业垂直云——MTWO

到目前为止，相信各位已经对 iTWO 4.0 平台有了深入的了解和体会，同时也想亲自登录平台，实施项目，体验一下建筑信息化的奇妙之处。为了使更多的建筑行业同仁更快更广泛的接触 iTWO 4.0 平台，RIB 携手微软共同打造全球首屈一指的建筑地产行业垂直云——MTWO。

8.4.1　何为 MTWO

MTWO 由 RIB 与微软联手打造，结合 RIB iTWO 4.0 核心技术和微软 Azure，为开发商、承包商、业主方等提供 5D BIM 企业级全流程解决方案，可提高生产效率，降低成本，助力加速建筑与房地产企业数字化转型。除此之外，为了提高 MTWO 在全球市场的普及和提升用户体验，RIB 将建立全球托管服务合作伙伴（MSPs）网络，与各地的托管服务合作伙伴（MSPs）进行合作，提供 MTWO 技术及服务。MTWO 整合 IaaS（基础设施即服务）、PaaS（平台即服务）和 SaaS（软件即服务）三种服务形式，实现了高度扩展性、成本效益化以及操作便捷化，助力建筑和房地产企业轻松开启数字化转型升级之旅，见图 8.4.1-1。其中，MTWO 提供的 SaaS 业务模式，用户无需支付额外昂贵的硬件或基础设施，无需下载和安装软件，便可访问基于网络的 MTWO 平台，实现项目从虚拟规划到实体建造的全流程，显著降低前期成本并高效地管理现金流。[14]

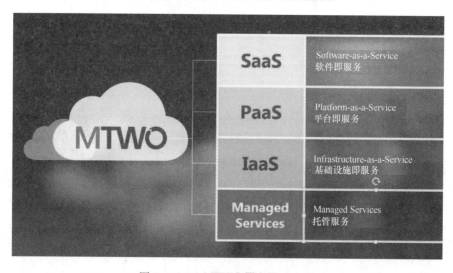

图 8.4.1-1　MTWO 服务形式介绍

作为企业级平台，MTWO 在一个平台上实现了互联互通，为更好地实现资源整合、信息共享及全球协作，MTWO 提供多种语言供用户选择，为了保证数据的安全性，用户可以根据参与方角色的不同，进行权限管理。友好的用户界面让您更快上手平台系统，通过综合管理设置，用户还可以利用数据预定义及维护来搭建自定义平台。

在 MTWO 中，我们可以在一个页面中浏览所有项目，在模型模块中，可全面查看模型。

在工程量清单模块中，可以把过去与当前项目的所有工程量清单，整合存储在平台中以供未来项目参照，减少工作量，并提高工作效率。

在算量计价模块中，通过提前预设好智能计算规则，一键即可轻松完成算量，所有计算任务均可精细到构件级别，所以算量结果可根据用户要求可分解为不同的层次，从多方面管理角度满足不同需求，并与模型实时关联，方便查看。

在进度计划模块，MTWO为项目进度管理人员提供甘特图将施工活动关系可视化，点击特定活动便可轻松追踪相关模型构件。随后即可生成5D模拟，详细展示项目成本随着时间变化的推进情况，尽早发现模型、现金流和进度方面的潜在问题。平台依据完工进度的录入自动生成进度前锋线，揭示施工活动提前和延迟的情况，满足项目进度的跟踪要求。

集成了采购模块，用户在平台中搜索物料即可直接下单，也可以通过iTWO 3D搜索，下载BIM系列产品，加载到模型中。

除此之外，MTWO还拥有基于计价结果的在线招投标模块以及交货记录，发票管理和商业伙伴评估等多个模块，所有这些强大的功能让MTWO成为一个全流程平台，从企业级别来抓取数据，更智能、更高效、成本更低地管理项目和建造城市（图8.4.1-2）。

图 8.4.1-2 MTWO 全流程平台

8.4.2 MTWO特点

MTWO平台特点见图8.4.2。

全流程管理

一个云平台，提供超过 100 个功能模块，满足企业各种要求。

轻松开启数字化

随时随地通过多种联网设备连入平台，实现移动化管理。

5D BIM＋云应用

云端平台上整合 5D BIM 模型（3D 设计＋4D 时间＋5D 成本）。

大数据

大数据智能存储，供企业未来项目作分析参考。

减少投入

无需支付额外昂贵的硬件或基础设施设备。

租用模式

按年支付，操作灵活。

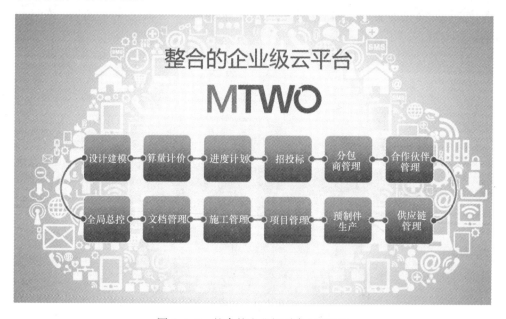

图 8.4.2　整合的企业级平台 MTWO

第9章　适用于 iTWO 4.0 平台的模型规范

通过对 iTWO 4.0 平台各个模块的应用讲解，我们可以发现：BIM 模型承载着工程项目最基本的信息，BIM 模型中的几何信息和非几何信息是否准确和完善，决定了平台中的各个模块能否充分发挥作用。因此，为了提高 BIM 模型应用价值，满足协同工作需要，实现精细化建模，实现 5D 虚拟施工，需要完善的工作准则和建模标准，因此本章为读者提供了一套规范化的建模标准以供参考。

本章节的各项建模标准以某实施项目为例，后期还需优化，仅为读者提供参考，建议各企业在遵守国家 BIM 标准的前提下，根据实际情况自行制定合适的 BIM 项目规范。

9.1　基本要求

理论上来说，项目的 BIM 模型和 BIM 应用，不限于单一软件，以完成项目目标为出发点，考虑软件技术特点和性能价格比以及各参与单位的使用习惯，同时也考虑软件之间的数据交换等因素。

下面以 Revit 建模平台为基础，进行详细介绍。

以 Revit 为建模平台的具体软件选用和数据格式见表 9.1-1。

建模平台与数据格式　　　　　　　　　　　　　　　　　　　　表 9.1-1

	软件名称	模型/成果格式	数据交换格式
主体模型	Autodesk Revit 系列软件	＊.rvt	＊.ifc、＊.sat
轻量化模型	Navisworks	＊.nwd、＊.nwf	
	Autodesk Design Review	＊.dwf	
图纸	AutoCAD	＊.dwg、＊.dxf	
	Adobe Reader	＊.pdf	

9.1.1　统一项目基点

BIM 项目工作的开展通常会涉及不同的专业以及不同团队之间的协作。而在项目开展之初，统一的模型基准能保证协同工作可以顺利有效地进行。模型基准的设置最基本的一点就是项目基准点。为了保证各专业、各团队的模型在最终模型的整合过程中能与设计图纸对应，各专业的项目基点（模型原点）设置要统一。项目基点定义的是本项目单体坐标系的原点（0，0，0），用于在场地中确定建筑的位置与其他建筑间的相对关系。

设置原则为：

（1）项目不需要拆分时，项目基点由参与此项目的各专业人员根据设计图纸进行协调确定。

（2）项目需要拆分时，不同的分区由不同的团队单独来完成，项目基点的设置可根据不同区来进行单独设置，由相关团队的内部各专业人员根据设计图纸进行协调确定。

> 注：基准点的设置应该选择明确的轴线交点，并且在项目开始前就设置好，进行记录，在项目过程中不应随便修改位置，以保证各专业间的协同工作有效地进行。轴网设置好后，建议把轴网进行锁定，以免建模过程中轴网发生偏移。

9.1.2　项目度量单位设置

项目中所有模型均应使用统一的项目长度、面积、体积、坡度等度量单位，项目单位的设置应在各专业的项目样板文件中进行，以保障所有项目模型设计的统一性。

项目单位设置方法见图 9.1.2。

在 Revit 选项菜单【管理】→【项目单位】对话框中，在【公共】规程下，设置项目度量的单位；

长度单位为毫米，用于显示临时尺寸精度、标注尺寸，取整。

面积单位为平方米，保留 2 位小数。

体积单位为立方米，保留 2 位小数。

角度单位为度（°），保留 2 位小数。

坡度单位为度（°），保留 3 位小数。

图 9.1.2　项目单位设置

9.1.3　建模依据

（1）当地规范和标准；

（2）以建设单位提供的通过审查的有效图纸；

（3）设计文件参照的国家规范和标准图集；

（4）总进度计划；

（5）设计变更单、变更图纸等变更文件；

（6）其他特定要求。

9.1.4　工作集拆分原则与标准

（1）按照专业划分；

（2）按照楼层划分；

（3）按照项目的建造阶段划分；

（4）按照材料类型划分；

（5）按照构件类别与系统划分。

> 注：上述标准仅是一些建议，根据具体项目考虑项目的具体状况和人员状况而进行划分，由于每个项目需求不同，在一个项目中有效的工作集划分标准在另一个项目中不一定合适。尽量避免把工作集想象成传统的图层或者图层标准，划分标准并非一成不变。

9.2　模型文件命名标准要求

9.2.1　各专业项目中心文件命名

建筑文件名称：项目名称-栋号-建筑

结构文件名称：项目名称-栋号-结构

管综文件名称：项目名称-栋号-电气

　　　　　　　项目名称-栋号-给排水

　　　　　　　项目名称-栋号-暖通

9.2.2　项目划分

1. 建筑、结构专业

按楼层划分工作集，例如，B01、B05 等。

2. 机电专业

按照系统和功能等划分工作集，例如，送风、空调热水回水等。

（详见工作集划分、系统命名及颜色显示）。

9.2.3　项目视图命名

1. 建筑、结构专业

平面视图：楼层-标高，例如：B01（－3.500）等。

平面详图：标高-内容，例如：B01－卫生间详图等。

剖面视图：内容，例如：A-A 剖面，集水坑剖面等。

墙身详图：内容，例如：××墙身详图等。

2. 管综专业

根据专业系统，建立不同的子规程，例如：通风、空调水、给排水、消防、电气等。

每个系统的平面、详图、剖面视图，放置在其子规程中，且命名按照如下规则：

平面视图：楼层-专业系统/系统，例如：B01-给排水，B01-照明等。

平面详图：楼层-房间-系统，例如：B01-卫生间-通风排烟等。

剖面视图：内容，例如：A-A 剖面、集水坑剖面等。

9.3　详细构件命名

1. 建筑专业

建筑柱（楼层名＋类型名称＋尺寸，例如：B01-矩形柱－300×300）。

建筑墙及幕墙（楼层名＋类型名称＋尺寸，例如：B01-外墙－250）。

建筑楼板或天花板（楼层名＋类型名称＋尺寸，例如：B01-复合天花板－150）。

建筑屋顶（内容，例如：复合屋顶）。

建筑楼梯（编号＋专业＋类型名称，例如：3 号建筑楼梯）。

门窗族（楼层名＋类型名称＋型号，例如：B01-防火门-GF2027A）。

2. 结构专业

结构基础（楼层名＋类型名称＋尺寸，例如：B05-基础筏板－800）。

结构梁（楼层名＋型号＋尺寸，例如：B01-CL68（2）－500×700）。

结构柱（楼层名＋型号＋尺寸，例如：B01-B-KZ-1－300×300）。

结构墙（楼层名＋尺寸，例如：B01-结构墙 200）。

结构楼板（楼层名＋尺寸，例如：B01-结构板 200）。

3. 机电专业

管道（楼层名＋系统简称，例如：B01-J3）。

穿楼层的立管（系统简称，例如：J3L）。

埋地管道（楼层名＋系统简称＋埋地，例如：B01-J3-埋地）。

风管（楼层名＋系统名称，例如：B01-送风）。

穿楼层的立管（系统名称，例如：送风）。

线管（楼层名＋系统名称，例如：B01-弱电线槽）。

电气桥架（楼层名＋系统名称，例如：B03-弱电桥架）。

设备（楼层名＋系统名称＋编号，例如：B01-紫外线消毒器-SZX-4）。

9.4　工作集划分、系统命名及颜色显示

1. 通风的工作集划分、系统命名及颜色显示（表 9.4-1）

通风系统划分　　　　　　　　　　　　　　　表 9.4-1

序号	系统名称	工作集名称	颜色编号（红/绿/蓝）
1	送风	送风	深粉色 RGB247/150/070
2	排烟	排烟	绿色 RGB146/208/080
3	新风	新风	深紫色 RGB096/073/123
4	采暖	采暖	灰色 RGB127/127/127
5	回风	回风	深棕色 RGB099/037/035
6	排风	排风	深橘红色 RGB255/063/000
7	除尘管	除尘管	黑色 RGB013/013/013

2. 电气的工作集划分、系统命名及颜色显示（表 9.4-2）

电气系统划分　　　　　　　　　　　　　　　表 9.4-2

序号	系统名称	工作集名称	颜色编号（红/绿/蓝）
1	弱电	弱电	草绿色 RGB146/208/80
2	强电	强电	粉红色 RGB255/127/159
3	电消防-控制		洋红色 RGB255/000/255
4	电消防-消防	电消防	青色 RGB000/255/255
5	电消防—广播		棕色 RGB117/146/060
6	照明	照明	黄色 RGB255/255/000
7	避雷系统（基础接地）	避雷系统（基础接地）	浅蓝色 RGB168/190/234

3. 给排水的工作集划分、系统命名及颜色显示（表9.4-3）

给排水系统划分　　　　　　　　　　　　　　　表9.4-3

序号	系统名称	工作集名称	颜色编号（红/绿/蓝）
1	市政给水管	市政加压给水管	绿色 RGB000/255/000
2	加压给水管		
3	市政中水给水管	市政中水给水管	黄色 RGB255/255/000
4	消火栓系统给水管	消火栓系统给水管	青色 RGB000/255/255
5	自动喷洒系统给水管	自动喷洒系统给水管	洋红色 RGB255/000/255
6	消防转输给水管	消防转输给水管	橙色 RGB255/128/000
7	污水排水管	污水排水管	棕色 RGB128/064/064
8	污水通气管	污水通气管	蓝色 RGB000/000/064
9	雨水排水管	雨水排水管	紫色 RGB128/000/255
10	有压雨水排水管	有压雨水排水管	深绿色 RGB000/064/000
11	有压污水排水管	有压污水排水管	金棕色 RGB255/162/068
12	生活供水管	生活供水管	浅绿色 RGB128/255/128
13	中水供水管	中水供水管	藏蓝色 RGB000/064/128
14	软化水管	软化水管	玫红色 RGB255/000/128

4. 空调水的工作集划分、系统命名及颜色显示（表9.4-4）

空调水系统划分　　　　　　　　　　　　　　　表9.4-4

序号	系统名称	工作集名称	颜色编号（红/绿/蓝）
1	空调冷热水回水管	空调水回水管	浅紫色 RGB185/125/255
2	空调冷水回水管		
3	空调冷却水回水管		
4	空调冷热水供水管	空调水供水管	蓝绿色 RGB000/128/128
5	空调热水供水管		
6	空调冷水供水管		
7	空调冷却水供水管		
8	制冷剂管道	制冷剂管道	粉紫色 RGB128/025/064
9	热媒回水管	热媒回水管	浅粉色 RGB255/128/255
10	热媒供水管	热媒供水管	深绿色 RGB000/128/000
11	膨胀管	膨胀管	橄榄绿 RGB128/128/000
12	采暖回水管	采暖回水管	浅黄色 RGB255/255/128
13	采暖供水管	采暖供水管	粉红色 RGB255/128/128
14	空调自流冷凝水管	空调自流冷凝水管	深棕色 RGB128/000/000
15	冷冻水管	冷冻水管	蓝色 RGB000/000/255

注：在项目中遇到此表中不包含的管线颜色区分，BIM 项目经理有权根据实际情况制定颜色，及时统一标准并及时完善此要求。

9.5　各专业模型建模深度等级标准划分

美国建筑师学会（AIA-American Institute of Architects）使用模型详细等级（LOD-Level of Detail）来定义 BIM 模型中构件的精度，BIM 构件的详细等级随着项目的发展，从概念性近似的低级到精确的高级不断发展。详细等级共分为 5 级，对应的工程项目阶段如下：

LOD 100：概念设计阶段；

LOD 200：初步设计阶段；

LOD 300：施工图设计阶段；

LOD 400：施工阶段；

LOD 500：交付运维阶段。

1. 建筑专业（表 9.5-1）

建筑专业建模深度划分 表 9.5-1

详细等级	LOD 100	LOD 200	LOD 300	LOD 400	LOD 500
场地及景观	不表示	简单的场地布置。部分构件用体量表示	按图纸精确模。景观、人物、植物、道路贴近真实	概算信息	各构件的参数信息
非结构墙	包含墙体物理属性（长度，厚度，高度及表面颜色）	增加材质信息，含粗略面层划分	包含详细面层信息，材质附节点图	概算信息，墙材质供应商信息，材质价格	产品运营信息（厂商，价格，维护等）
楼板	物理特征（坡度、厚度、材质）	楼板分层，降板，洞口，楼板边缘	楼板分层更细，洞口更全	概算信息，楼板材质供应商信息，材质价格	全部参数信息
建筑柱	物理属性：尺寸，高度	带装饰面，材质	带参数信息	概算信息，柱材质供应商信息，材质价格	物业管理详细信息
天花板	用一块整板代替，只体现边界	厚度，局部降板，准确分割，并有材质信息	龙骨，预留洞口、风口等，带节点详图	概算信息，天花板材质供应商信息，材质价格	全部参数信息
屋顶	悬挑、厚度、坡度	加材质、檐口、封檐带、排水沟	节点详图	概算信息，屋顶材质供应商信息，材质价格	全部参数信息

续表

详细等级	LOD 100	LOD 200	LOD 300	LOD 400	LOD 500
门窗	同类型的基本族	按实际需求插入门、窗	门窗大样图，门窗详图	门窗及门窗五金件的厂商信息	门窗五金件，门窗的厂商信息，物业管理信息
楼梯（含坡道、台阶）	几何形体	详细建模，有栏杆	电梯详图	参数信息	运营信息，物业管理全部参数信息
电梯（直梯）	电梯门，带简单二维符号表示	详细的二维符号表示	节点详图	电梯厂商信息	运营信息，物业管理全部参数信息
幕墙	嵌板＋分隔	带简单竖梃	具体的竖梃截面，有连接构件	幕墙与结构连接方式，厂商信息	幕墙与结构连接方式，厂商信息
家具	无	简单布置	详细布置＋二维表示	家具厂商信息	运营信息，物业管理全部参数信息

2. 结构专业

（1）混凝土结构（表9.5-2）

结构专业混凝土结构部分建模深度划分　　　　　表9.5-2

详细等级	LOD 100	LOD 200	LOD 300	LOD 400	LOD 500
结构墙	物理属性，墙厚、宽、表面材质颜色	类型属性，材质，二维填充表示	材料信息，分层做法，墙身大样详图，空口加固等节点详图（钢筋布置图）	概算信息，墙材质供应商信息，材质价格	运营信息，物业管理所有详细信息
梁	物理属性，梁长宽高，表面材质颜色	类型属性，具有异形梁表示详细轮廓，材质，二维填充表示	材料信息，梁标识，附带节点详图（钢筋布置图）	概算信息，梁材质供应商信息，材质价格	运营信息，物业管理所有详细信息
板	物理属性，板厚、板长、板宽、表面材质颜色	类型属性，材质，二维填充表示	材料信息，分层做法，楼板详图，附带节点详图（钢筋布图）	概算信息，楼板材质供应商信息，材质价格	运营信息，物业管理所有详细信息
结构柱	物理属性，柱长宽高，表面材质颜色	类型属性，具有异形柱表示详细轮廓，材质，二维填充表示	材料信息，柱标识，附带节点详图（钢筋布置图）	概算信息，柱材质供应商信息，材质价格	运营信息，物业管理所有详细信息

续表

详细等级	LOD 100	LOD 200	LOD 300	LOD 400	LOD 500
梁柱节点	不表示，自然搭接	表示锚固长度，材质	钢筋型号，连接方式，节点详图	概算信息，材质供应商信息，材质价格	运营信息，物业管理所有详细信息
预埋及吊环	不表示	物理属性，长宽高物理轮廓。表面材质颜色类型属性，材质，二维填充表示	材料信息，大样详图，节点详图（钢筋布置图）	概算信息，基础材质供应商信息，材质价格	运营信息，物业管理所有详细信息

（2）地基基础（表 9.5-3）

结构专业地基基础部分建模深度划分 表 9.5-3

详细等级	LOD 100	LOD 200	LOD 300	LOD 400	LOD 500
基础	不表示	物理属性，基础长宽高物理轮廓。表面材质颜色类型属性，材质，二维填充表示	材料信息，基础大样详图，节点详图（钢筋布置图）	概算信息，基础材质供应商信息，材质价格	运营信息，物业管理所有详细信息
基坑工程	物理属性，基坑长宽高物理轮廓。表面材质颜色	基坑围护，节点详图（钢筋布置图）	概算信息，基坑维护材质供应商信息，材质价格	概算信息，基坑维护材质供应商信息，材质价格	运营信息，物业管理所有详细信息

（3）钢结构（表 9.5-4）

结构专业钢结构部分建模深度划分 表 9.5-4

详细等级	LOD 100	LOD 200	LOD 300	LOD 400	LOD 500
钢柱	物理属性，钢柱长宽高，表面材质颜色	类型属性，根据钢材型号表示详细轮廓，材质，二维填充表示	材料信息，钢柱标识，附带节点详图	概算信息，住材质供应商信息，材质价格	运营信息，物业管理所有详细信息
钢梁	物理属性，钢梁长宽高，表面材质颜色	类型属性，根据钢材型号表示详细轮廓，材质，二维填充表示	材料信息，钢梁标识，附带节点详图	概算信息，钢梁材质供应商信息，材质价格	运营信息，物业管理所有详细信息

续表

详细等级	LOD 100	LOD 200	LOD 300	LOD 400	LOD 500
钢桁（网）架	物理属性，桁架长宽高，五杆件表示，用体量代替，表面材质颜色	类型属性，根据桁架类型搭建杆件位置，材质，二维填充表示	材料信息，桁架标识，桁架杆件连接构造。附带详图	概算信息，桁架材质供应商信息，材质价格	运营信息，物业管理所有详细信息
柱脚	不表示	柱脚长、宽、高用体量表示，二维填充表示	柱脚详细轮廓信息，材料信息，柱脚标识，附带详图	概算信息，柱材质供应商信息，材质价格	运营信息，物业管理所有详细信息

3. 给排水专业（表 9.5-5）

给排水专业建模深度划分   表 9.5-5

详细等级	LOD 100	LOD 200	LOD 300	LOD 400	LOD 500
管道	只有管道类型、管径、主管标高	有支管标高	加保温层、管道进设备机房 1m 长	按实际管道类型及材质参数绘制管道（出产厂家、型号、规格等）	运营信息，物业管理所有详细信息
阀门	不表示	绘制统一的阀门	按阀门的分类绘制	按实际阀门的参数绘制（出产厂家、型号、规格等）	运营信息，物业管理所有详细信息
附件	不表示	统一形状	按类别绘制	按实际阀门的参数绘制（出产厂家、型号、规格等）	运营信息，物业管理所有详细信息
仪表	不表示	统一规格的仪表	按类别绘制	按实际项目中要求的参数绘制（出产厂家、型号、规格等）	运营信息，物业管理所有详细信息
卫生器具	不表示	统一形状	具体的类别形状及尺寸	将产品的参数添加到元素当中（出产厂家、型号、规格等）	运营信息，物业管理所有详细信息
设备	不表示	有长宽高的体量	具体点形状及尺寸	将产品的参数添加到元素当中（出产厂家、型号、规格等）	运营信息，物业管理所有详细信息

4. 暖通专业（表 9.5-6）

暖通专业建模深度划分　　　　　　　　　　　　表 9.5-6

详细等级	LOD 100	LOD 200	LOD 300	LOD 400	LOD 500
暖通水管道	不表示	按着系统只绘主管线，标高可自行定义，按着系统添加不同的颜色	按着系统绘制支管线，管线有准确的标高，管径尺寸。添加保温，坡度	添加技术参数，说明及厂家信息，材质	运营信息与物业管理
管件	不表示	绘制主管线上的管件	绘制支管线上的管件	添加技术参数，说明及厂家信息，材质	运营信息与物业管理
附件	不表示	绘制主管线上的附件	绘制支管线上的附件，添加连接件	添加技术参数，说明及厂家信息，材质	运营信息与物业管理
阀门	不表示	不表示	有具体的外形尺寸，添加连接件	添加技术参数，说明及厂家信息，材质	运营信息与物业管理
设备	不表示	不表示	具体几何参数信息，添加连接件	添加技术参数，说明及厂家信息，材质	运营信息与物业管理
仪表	不表示	不表示	有具体的外形尺寸，添加连接件	添加技术参数，说明及厂家信息，材质	运营信息与物业管理

5. 电气专业（表 9.5-7）

电气专业建模深度划分　　　　　　　　　　　　表 9.5-7

详细等级	LOD 100	LOD 200	LOD 300	LOD 400	LOD 500
设备构件	不建模	有几何尺寸的简单表达	名称、符合标准的二维符号，相应的标高	准确尺寸的族、名称、符合标准的二维符号、所属的系统	准确尺寸的族、名称、符合标准的二维符号、所属的系统、生产厂家、产品样本的参数信息
桥架	不建模	基本路由	基本路由、尺寸标高	具体路由、尺寸标高、支吊架安装、所属系统	具体路由、尺寸标高、支吊架安装、所属系统、生产厂家、产品样本的参数信息
电线电缆	不建模	基本路由、导线根数	基本路由、导线根数、所属系统	基本路由、导线根数、所属系统、导线材质类型	基本路由、导线根数、所属系统、导线材质类型、生产厂家、产品样本的参数信息

9.6 建模深度详解

9.6.1 施工图设计阶段

1. 建筑专业（表 9.6.1-1）

建筑专业建模细度要求 表 9.6.1-1

子　项	精　细　度　要　求
墙体	• 在"类型名称"中区分外墙和内墙。 • 墙体核心层和其他构造层可按独立墙体类型分别建模。 • 在材质中区分"砌块墙"、"砖墙"等功能。 • 如外墙跨越多个自然层，墙体核心层应分层建模，饰面层可跨层建模。 • 除剪力墙外，内墙不应穿越楼板建模，核心层应与接触的楼板、柱等构件的核心层相衔接，饰面层应与接触的楼板、柱等构件的饰面层对应衔接。 • 应输入墙体各构造层的信息，构造层厚度不小于 3mm 时，应按照实际厚度建模。 • 必要的非几何信息，如防火、隔声性能、面层材质做法等
幕墙系统	• 幕墙系统应按照最大轮廓建模为单一幕墙，不应在标高，房间分隔等处断开。 • 幕墙系统嵌板分隔应符合设计意图。 • 内嵌的门窗应明确表示，并输入相应的非几何信息。 • 幕墙竖梃和横撑断面建模几何精度应为 5mm。 • 必要的非几何属性信息如各构造层、规格、材质、物理性能参数等
楼板	• 应输入楼板各构造层的信息，构造层厚度不小于 5mm 时，应按照实际厚度建模。 • 建筑专业针对建筑面层做法进行建模。 • 主要的无坡度楼板建筑完成面应与标高线重合。 • 必要的非几何属性信息，如特定区域的防水、防火等性能
屋面	• 应输入屋面各构造层的信息，构造层厚度不小于 3mm 时，应按照实际厚度建模。 • 楼板的核心层和其他构造层可按独立楼板类型分别建模。 • 平屋面建模应考虑屋面坡度。 • 坡屋面与异形屋面应按设计形状和坡度建模，主要结构支座顶标高与屋面标高线宜重合。 • 必要的非几何属性信息，如防水保温性能等
地面	• 地面可用楼板或通用形体建模替代，但应在"类型"属性中注明"地面"。 • 地面完成面与地面标高线宜重合。 • 必要的非几何属性信息，如特定区域的防水、防火等性能
门窗	• 门窗精确尺寸。 • 应输入各级防火门、各级防火窗、百叶门窗等非几何信息

子　项	精　细　度　要　求
柱子	• 非承重柱子应归类于"建筑柱"，应在"类型"属性中注明。 • 柱子宜按照施工工法分层建模。 • 柱子截面应为柱子外廓尺寸。 • 外露钢结构柱的防火防腐等性能
楼梯或坡道	• 楼梯或坡道应建模，并应输入构造层次信息。 • 平台板可用楼板替代，但应在"类型"属性中注明"楼梯平台板"
垂直交通设备	• 建模几何精度为 50mm。 • 可采用生产商提供的成品信息模型，但不应指定生产商。 • 必要的非几何属性信息，包括梯速，扶梯角度，电梯轿厢规格、特定使用功能（消防、无障碍、客货用等）等
栏杆或栏板	• 应建模并输入几何信息和非几何信息，建模几何精度宜为 20mm
空间或房间	• 空间或房间的高度的设定应遵守现行法规和规范。 • 空间或房间的宜标注为建筑面积，当确有需要标注为使用面积时，应在"类型"属性中注明"使用面积"。 • 空间或房间的面积，应为模型信息提取值，不得人工更改

2. 结构专业（表 9.6.1-2）

结构专业建模细度要求　　　　　　　　　　表 9.6.1-2

子　项	精　细　度　要　求
基础	• 结构基础精确尺寸。 • 在材质中区分"混凝土强度"
墙体	• 在"类型名称"中区分外墙和内墙。 • 墙体核心层和其他构造层可按独立墙体类型分别建模。 • 在材质中区分"混凝土强度"。 • 如外墙跨越多个自然层，墙体核心层应分层建模，饰面层可跨层建模。 • 除剪力墙外，内墙不应穿越楼板建模，核心层应与接触的楼板、柱等构件的核心层相衔接，饰面层应与接触的楼板、柱等构件的饰面层对应衔接。 • 应输入墙体各构造层的信息，构造层厚度不小于 3mm 时，应按照实际厚度建模
梁	• 应按照需求输入梁系统的几何信息和非几何信息，建模几何精度宜为 50mm。 • 外露钢结构梁的防火防腐等性能
楼板	• 应输入楼板各构造层的信息，构造层厚度不小于 5mm 时，应按照实际厚度建模。 • 结构专业针对核心层进行建模
柱子	• 承重柱子应归类于"结构柱"，应在"类型"属性中注明。 • 柱子宜按照施工工法分层建模。 • 柱子截面应为柱子外廓尺寸

子 项	精 细 度 要 求
预留洞	• 注明精确尺寸、标高信息
预埋件	• 主要预埋件布置

3. 给排水专业（表 9.6.1-3）

给排水专业建模细度要求　　　　　　　　　　　　　　表 9.6.1-3

子 项	精 细 度 要 求
设备	• 主要设备深化尺寸、定位信息：锅炉、冷冻机、换热设备、水箱水池等
设备干管	• 给排水干管、消防水管道等深化尺寸、定位信息，如管径、埋设深度或敷设标高、管道坡度等。 • 管件（弯头、三通等）的基本尺寸、位置
设备支管	• 给排水支管的基本尺寸、位置
管道末端	• 管道末端设备（喷头等）的大概尺寸（近似形状）、位置
管道附件	• 主要附件的大概尺寸（近似形状）、位置：阀门、计量表、开关等

4. 暖通专业（表 9.6.1-4）

暖通专业建模细度要求　　　　　　　　　　　　　　表 9.6.1-4

子 项	精 细 度 要 求
设备	主要设备深化尺寸、定位信息：冷水机组、新风机组、空调器、通风机、散热器、水箱等
主要管道	主要管道、风道深化尺寸、定位信息（如管径、标高等）
管道末端	风道末端（风口）的大概尺寸、位置
管道附件	主要附件的大概尺寸（近似形状）、位置：阀门、计量表、开关、传感器等

5. 电气专业（表 9.6.1-5）

电气专业建模细度要求　　　　　　　　　　　　　　表 9.6.1-5

子 项	精 细 度 要 求
主要设备	• 主要设备的精确尺寸和位置：机柜、配电箱、变压器、发电机等
其他设备	• 其他设备的大概尺寸（近似形状）、位置：照明灯具、视频监控、报警器、警铃、探测器等
桥架	• 主要桥架（线槽）的精确尺寸和位置

9.6.2 施工阶段

1. 建筑专业（表 9.6.2-1）

建筑专业建模细度要求　　　　　　　　　　　　　　表 9.6.2-1

子 项	精 细 度 要 求
现状场地	• 等高距应为 0.1m。 • 施工现场临建、大型施工设备等。 • 应在三维视图中观察到与现状场地的填挖关系

子　项	精　细　度　要　求
墙体	• 在"类型名称"中区分外墙和内墙。 • 墙体核心层和其他构造层可按独立墙体类型分别建模。 • 在材质中区分"砌块墙"、"砖墙"等功能。 • 如外墙跨越多个自然层，墙体核心层应分层建模，饰面层可跨层建模。 • 除剪力墙外，内墙不应穿越楼板建模，核心层应与接触的楼板、柱等构件的核心层相衔接，饰面层应与接触的楼板、柱等构件的饰面层对应衔接。 • 应输入墙体各构造层的信息，构造层厚度不小于 3mm 时，应按照实际厚度建模。 • 必要的非几何信息，如防火、隔声性能、面层材质做法等
幕墙系统	• 幕墙系统应按照最大轮廓建模为单一幕墙，不应在标高，房间分隔等处断开。 • 幕墙系统嵌板分隔应符合设计意图。 • 内嵌的门窗应明确表示，并输入相应的非几何信息。 • 幕墙竖梃和横撑断面建模几何精度为 5mm。 • 必要的非几何属性信息如各构造层、规格、材质、物理性能参数等
楼板	• 应输入楼板各构造层的信息，构造层厚度不小于 5mm 时，应按照实际厚度建模。 • 建筑专业针对建筑面层做法进行建模。 • 主要的无坡度楼板建筑完成面应与标高线重合。 • 必要的非几何属性信息，如特定区域的防水、防火等性能
屋面	• 应输入屋面各构造层的信息，构造层厚度不小于 3mm 时，应按照实际厚度建模。 • 楼板的核心层和其他构造层可按独立楼板类型分别建模。 • 平屋面建模应考虑屋面坡度。 • 坡屋面与异形屋面应按设计形状和坡度建模，主要结构支座顶标高与屋面标高线宜重合。 • 必要的非几何属性信息，如防水保温性能等
地面	• 地面可用楼板或通用形体建模替代，但应在"类型"属性中注明"地面"。 • 地面完成面与地面标高线宜重合。 • 必要的非几何属性信息，如特定区域的防水、防火等性能
门窗	• 门窗精确尺寸。 • 应输入各级防火门、各级防火窗、百叶门窗等非几何信息
柱子	• 非承重柱子应归类于"建筑柱"，应在"类型"属性中注明。 • 柱子宜按照施工工法分层建模。 • 柱子截面应为柱子外廓尺寸。 • 外露钢结构柱的防火防腐等性能
楼梯或坡道	• 楼梯或坡道应建模，并应输入构造层次信息。 • 平台板可用楼板替代，但应在"类型"属性中注明"楼梯平台板"
垂直交通设备	• 建模几何精度为 50mm。 • 必要的非几何属性信息，包括梯速，扶梯角度，电梯轿厢规格、特定使用功能（消防、无障碍、客货用等）等。 • 增加主要构件和设备产品信息：材料参数、技术参数、生产厂家、出厂编号等。 • 增加大型构件采购信息：供应商、计量单位、数量（如表面积、个数等）、采购价格等

子　项	精　细　度　要　求
栏杆或栏板	• 应建模并输入几何信息和非几何信息，建模几何精度宜为 20mm
空间或房间	• 空间或房间的高度的设定应遵守现行法规和规范。 • 空间或房间的宜标注为建筑面积，当确有需要标注为使用面积时，应在"类型"属性中注明"使用面积"。 • 空间或房间的面积，应为模型信息提取值，不得人工更改

2. 结构专业（表 9.6.2-2）

结构专业建模细度要求　　　　　　　　　　表 9.6.2-2

子　项	精　细　度　要　求
基础	• 结构基础实际尺寸。 • 在材质中区分"混凝土强度"
墙体	• 在"类型名称"中区分外墙和内墙。 • 墙体核心层和其他构造层可按独立墙体类型分别建模。 • 在材质中区分"混凝土强度"。 • 如外墙跨越多个自然层，墙体核心层应分层建模，饰面层可跨层建模。 • 除剪力墙外，内墙不应穿越楼板建模，核心层应与接触的楼板、柱等构件的核心层相衔接，饰面层应与接触的楼板、柱等构件的饰面层对应衔接。 • 应输入墙体各构造层的信息，构造层厚度不小于 3mm 时，应按照实际厚度建模
梁	• 应按照需求输入梁系统的几何信息和非几何信息，建模几何精度宜为 50mm。 • 外露钢结构梁的防火防腐等性能
楼板	• 应输入楼板各构造层的信息，构造层厚度不小于 5mm 时，应按照实际厚度建模。 • 结构专业针对核心层进行建模
柱子	• 承重柱子应归类于"结构柱"，应在"类型"属性中注明。 • 柱子宜按照施工工法分层建模。 • 柱子截面应为柱子外廓尺寸
预留洞	• 注明精确尺寸、标高信息
预埋件	• 主要预埋件的近似形状、实际位置

3. 给排水专业（表 9.6.2-3）

给排水专业建模细度要求　　　　　　　　　　表 9.6.2-3

子　项	精　细　度　要　求
设备	• 主要设备深化尺寸、定位信息：锅炉、冷冻机、换热设备、水箱水池等。 • 增加主要设备、管道和附件产品信息：材料参数、技术参数、生产厂家、出厂编号等。 • 增加主要设备、管道和附件采购信息：供应商、计量单位、数量（如长度、体积等）、采购价格等

子 项	精 细 度 要 求
设备干管	• 给排水干管、消防水管道等深化尺寸、定位信息，如管径、埋设深度或敷设标高、管道坡度等。 • 管件（弯头、三通等）的基本尺寸、位置
设备支管	• 给排水支管的基本尺寸、位置
管道末端	• 管道末端设备（喷头等）的大概尺寸（近似形状）、位置
管道附件	• 主要附件的大概尺寸（近似形状）、位置：阀门、计量表、开关等
固定支架	• 固定支架等近似形状、基本尺寸、实际位置

4. 暖通专业（表 9.6.2-4）

暖通专业建模细度要求 表 9.6.2-4

子 项	精 细 度 要 求
设备	• 主要设备深化尺寸、定位信息：冷水机组、新风机组、空调器、通风机、散热器、水箱等。 • 增加主要设备、管道和附件产品信息：材料参数、技术参数、生产厂家、出厂编号等。 • 增加主要设备、管道和附件采购信息：供应商、计量单位、数量（如长度、体积等）、采购价格等
主要管道	• 主要管道、风道深化尺寸、定位信息（如管径、标高等）
管道末端	• 风道末端（风口）的大概尺寸、位置
管道附件	• 主要附件的大概尺寸（近似形状）、位置：阀门、计量表、开关、传感器等
固定支架	• 固定支架等近似形状、基本尺寸、实际位置

5. 电气专业（表 9.6.2-5）

电气专业建模细度要求 表 9.6.2-5

子 项	精 细 度 要 求
主要设备	• 主要设备的精确尺寸和位置：机柜、配电箱、变压器、发电机等。 • 增加主要设备、管道和附件产品信息：材料参数、技术参数、生产厂家、出厂编号等。 • 增加主要设备、管道和附件采购信息：供应商、计量单位、数量（如长度、体积等）、采购价格等
其他设备	• 其他设备的大概尺寸（近似形状）、位置：照明灯具、视频监控、报警器、警铃、探测器等
桥架	• 主要桥架（线槽）的精确尺寸和位置
固定支架	• 固定支架等近似形状、基本尺寸、实际位置

9.6.3 运营阶段

1. 建筑专业（表 9.6.3-1）

建筑专业建模细度要求 表 9.6.3-1

子　项	精　细　度　要　求
墙体	• 在"类型名称"中区分外墙和内墙。 • 墙体核心层和其他构造层可按独立墙体类型分别建模。 • 在材质中区分"砌块墙"、"砖墙"等功能。 • 如外墙跨越多个自然层，墙体核心层应分层建模，饰面层可跨层建模。 • 除剪力墙外，内墙不应穿越楼板建模，核心层应与接触的楼板、柱等构件的核心层相衔接，饰面层应与接触的楼板、柱等构件的饰面层对应衔接。 • 应输入墙体各构造层的信息，构造层厚度不小于 3mm 时，应按照实际厚度建模。 • 必要的非几何信息，如防火、隔声性能、面层材质做法等
幕墙系统	• 幕墙系统应按照最大轮廓建模为单一幕墙，不应在标高、房间分隔等处断开。 • 幕墙系统嵌板分隔应符合设计意图。 • 内嵌的门窗应明确表示，并输入相应的非几何信息。 • 幕墙竖梃和横撑断面建模几何精度应为 5mm。 • 必要的非几何属性信息如各构造层、规格、材质、物理性能参数等
楼板	• 应输入楼板各构造层的信息，构造层厚度不小于 5mm 时，应按照实际厚度建模。 • 建筑专业针对建筑面层做法进行建模。 • 主要的无坡度楼板建筑完成面应与标高线重合。 • 必要的非几何属性信息，如特定区域的防水、防火等性能
屋面	• 应输入屋面各构造层的信息，构造层厚度不小于 3mm 时，应按照实际厚度建模。 • 楼板的核心层和其他构造层可按独立楼板类型分别建模。 • 平屋面建模应考虑屋面坡度。 • 坡屋面与异形屋面应按设计形状和坡度建模，主要结构支座顶标高与屋面标高线宜重合。 • 必要的非几何属性信息，如防水保温性能等
地面	• 地面可用楼板或通用形体建模替代，但应在"类型"属性中注明"地面"。 • 地面完成面与地面标高线宜重合。 • 必要的非几何属性信息，如特定区域的防水、防火等性能
门窗	• 门窗精确尺寸。 • 应输入各级防火门、各级防火窗、百叶门窗等非几何信息
柱子	• 非承重柱子应归类于"建筑柱"，应在"类型"属性中注明。 • 柱子宜按照施工工法分层建模。 • 柱子截面应为柱子外廓尺寸。 • 外露钢结构柱的防火防腐等性能
楼梯或坡道	• 楼梯或坡道应建模，并应输入构造层次信息。 • 平台板可用楼板替代，但应在"类型"属性中注明"楼梯平台板"

子　项	精　细　度　要　求
垂直交通设备	• 建模几何精度为50mm。 • 必要的非几何属性信息，包括梯速，扶梯角度，电梯轿厢规格、特定使用功能（消防、无障碍、客货用等）等。 • 增加主要构件和设备产品信息：材料参数、技术参数、生产厂家、出厂编号等。 • 增加大型构件采购信息：供应商、计量单位、数量（如表面积、个数等）、采购价格等。 • 增加主要构件和设备的运营管理信息：设备编号、资产属性、管理单位、权属单位等。 • 增加主要构件和设备的维护保养信息：维护周期、维护方法、维护单位、保修期、使用寿命等。 • 增加主要构件和设备的文档存放信息：使用手册、说明手册、维护资料等
栏杆或栏板	• 应建模并输入几何信息和非几何信息，建模几何精度宜为20mm
空间或房间	• 空间或房间的高度的设定应遵守现行法规和规范。 • 空间或房间的宜标注为建筑面积，当确有需要标注为使用面积时，应在"类型"属性中注明"使用面积"。 • 空间或房间的面积，应为模型信息提取值，不得人工更改
建筑设备及固定家具	• 主要建筑设备和固定家具的实际尺寸和位置：卫生器具、隔断等。 • 增加主要构件和设备的运营管理信息：设备编号、资产属性、管理单位、权属单位等。 • 增加主要构件和设备的维护保养信息：维护周期、维护方法、维护单位、保修期、使用寿命等。 • 增加主要构件和设备的文档存放信息：使用手册、说明手册、维护资料等

2. 结构专业（表9.6.3-2）

结构专业建模细度要求　　　　　　　　　　　　　　表9.6.3-2

子　项	精　细　度　要　求
基础	• 结构基础实际尺寸。 • 在材质中区分"混凝土强度"
墙体	• 在"类型名称"中区分外墙和内墙。 • 墙体核心层和其他构造层可按独立墙体类型分别建模。 • 在材质中区分"混凝土强度"。 • 如外墙跨越多个自然层，墙体核心层应分层建模，饰面层可跨层建模。 • 除剪力墙外，内墙不应穿越楼板建模，核心层应与接触的楼板、柱等构件的核心层相衔接，饰面层应与接触的楼板、柱等构件的饰面层对应衔接。 • 应输入墙体各构造层的信息，构造层厚度不小于3mm时，应按照实际厚度建模
梁	• 应按照需求输入梁系统的几何信息和非几何信息，建模几何精度宜为50mm。 • 外露钢结构梁的防火防腐等性能
楼板	• 应输入楼板各构造层的信息，构造层厚度不小于5mm时，应按照实际厚度建模。 • 结构专业针对核心层进行建模

子　项	精　细　度　要　求
柱子	• 承重柱子应归类于"结构柱"，应在"类型"属性中注明。 • 柱子宜按照施工工法分层建模。 • 柱子截面应为柱子外廓尺寸
预留洞	• 注明精确尺寸、标高信息
预埋件	• 主要预埋件的近似形状、实际位置

3. 给排水专业（表9.6.3-3）

给排水专业建模细度要求　　　　　　　　　　表9.6.3-3

子　项	精　细　度　要　求
设备	• 主要设备实际尺寸、定位信息：锅炉、冷冻机、换热设备、水箱水池等。 • 增加主要设备、管道和附件产品信息：材料参数、技术参数、生产厂家、出厂编号等。 • 增加主要设备、管道和附件采购信息：供应商、计量单位、数量（如长度、体积等）、采购价格等。 • 增加系统的运营管理信息：系统编号、组成设备、使用环境（使用条件）、资产属性、管理单位、权属单位等。 • 增加系统的维护保养信息：维护周期、维护方法、维护单位、保修期、使用寿命等。 • 增加主要设施设备的运营管理信息：设备编号、所属系统、使用环境（使用条件）、资产属性、管理单位、权属单位等。 • 增加主要设施设备的维护保养信息：维护周期、维护方法、维护单位、保修期、使用寿命等。 • 增加主要设施设备的文档存放信息：使用手册、说明手册、维护资料等
设备干管	• 给排水干管、消防水管道等实际尺寸、定位信息，如管径、埋设深度或敷设标高、管道坡度等。 • 管件（弯头、三通等）的基本尺寸、位置
设备支管	• 给排水支管的基本尺寸、位置
管道末端	• 管道末端设备（喷头等）的大概尺寸（近似形状）、位置
管道附件	• 主要附件的大概尺寸（近似形状）、位置：阀门、计量表、开关等
固定支架	• 固定支架等近似形状、基本尺寸、实际位置

4. 暖通专业（表9.6.3-4）

暖通专业建模细度要求　　　　　　　　　　表9.6.3-4

子　项	精　细　度　要　求
设备	• 主要设备深化尺寸、定位信息：冷水机组、新风机组、空调器、通风机、散热器、水箱等。 • 增加主要设备、管道和附件产品信息：材料参数、技术参数、生产厂家、出厂编号等。 • 增加主要设备、管道和附件采购信息：供应商、计量单位、数量（如长度、体积等）、采购价格等。 • 增加系统的运营管理信息：系统编号、组成设备、使用环境（使用条件）、资产属性、管理单位、权属单位等。 • 增加系统的维护保养信息：维护周期、维护方法、维护单位、保修期、使用寿命等。 • 增加主要设施设备的运营管理信息：设备编号、所属系统、使用环境（使用条件）、资产属性、管理单位、权属单位等。 • 增加主要设施设备的维护保养信息：维护周期、维护方法、维护单位、保修期、使用寿命等。 • 增加主要设施设备的文档存放信息：使用手册、说明手册、维护资料等

续表

子　项	精　细　度　要　求
主要管道	• 主要管道、风道深化尺寸、定位信息（如管径、标高等）
管道末端	• 风道末端（风口）的大概尺寸、位置
管道附件	• 主要附件的大概尺寸（近似形状）、位置：阀门、计量表、开关、传感器等
固定支架	• 固定支架等近似形状、基本尺寸、实际位置

5. 电气专业（表 9.6.3-5）

电气专业建模细度要求　　　　　　　　　　　表 9.6.3-5

子　项	精　细　度　要　求
主要设备	• 主要设备的精确尺寸和位置：机柜、配电箱、变压器、发电机等。 • 增加主要设备、管道和附件产品信息：材料参数、技术参数、生产厂家、出厂编号等。 • 增加主要设备、管道和附件采购信息：供应商、计量单位、数量（如长度、体积等）、采购价格等。 • 增加系统的运营管理信息：系统编号、组成设备、使用环境（使用条件）、资产属性、管理单位、权属单位等。 • 增加系统的维护保养信息：维护周期、维护方法、维护单位、保修期、使用寿命等。 • 增加主要设施设备的运营管理信息：设备编号、所属系统、使用环境（使用条件）、资产属性、管理单位、权属单位等。 • 增加主要设施设备的维护保养信息：维护周期、维护方法、维护单位、保修期、使用寿命等。 • 增加主要设施设备的文档存放信息：使用手册、说明手册、维护资料等
其他设备	• 其他设备的大概尺寸（近似形状）、位置：照明灯具、视频监控、报警器、警铃、探测器等
桥架	• 主要桥架（线槽）的精确尺寸和位置
固定支架	• 固定支架等近似形状、基本尺寸、实际位置

9.7 模型建立基本要求

9.7.1 土建工程部分

（1）设计模型要保证所建立模型与最终版设计施工图纸一致；

（2）设计模型中所使用的构件，需包含与 iTWO 4.0 平台中工程量计算规则提取的参数；

（3）设计模型构件中的构件类型要区分明确不能混用，初装工程部分房间空间需搭建到位，个别无法搭建房间部位需按设计做法要求建立相应模型（同一计量单位只需绘制一次即可）；

（4）设计模型移交应与建模说明一并移交（包括但不限于，建模依据、搭建模型深度、未搭建模型列表以及搭建模型过程中的设计图纸等相关信息）；

（5）变更模型需根据设计变更要求单独建立与导入（验收合格后导入）；

（6）精装修工程要求建立到工序级别。

9.7.2 机电工程部分

（1）电气工程

现阶段搭建的模型主要有配电箱柜及强电桥架、弱电线槽。对于配电箱柜尺寸要求详细添加，桥架及线槽的尺寸、系统类型需明确。

（2）给排水、消防工程

给排水系统的所有施工图纸内的构件都需搭建模型，管道、管件、管道附件要求按图纸设计说明分系统、类别、材质及尺寸进行搭建，设计要求分段时，按图纸示意进行编制。但管件还需考虑构件的中心长度，管道等的保温材质及厚度，机械设备需注明规格型号。

（3）暖通水系统、风系统等

系统及各专业之间的构件要求划分明确，不能混用（例如：截止阀，需明确属于给水系统还是采暖系统）。

9.8 模型主要构件基础信息

9.8.1 土建主要模型构件属性信息

1. 柱

绘制顺序：从左至右，从上至下。

族：矩形柱/异形柱/构造柱/石柱/实心砖柱/多空砖柱。

族类型：KZ1-300＊300mm/Z1-300＊300mm/GZ1-300＊300mm（符号必须统一）。

结构材质：现浇混凝土/预制混凝土/石/砖。

标记：C30（混凝土强度等级标号，字母统一大写）。

矩形柱属性见图 9.8.1-1。

2. 梁

绘制顺序：从左至右，从上至下。

族：矩形梁/异形梁/基础梁/圈梁/过梁/弧形梁/拱形梁。

族类型：KL1-300×400mm/LL1-300×400mm/DQL2-300×400mm/GL1-300×400mm。

结构功能：大梁/水平支撑/托梁/其他/檩条。

结构材质：现浇混凝土。

标记：C30（混凝土强度等级标号，字母统一大写）。

矩形梁属性见图 9.8.1-2。

3. 墙

族：基本墙。

族类型：砌块墙－200mm/混凝土墙－200mm。

厚度：200mm。

结构：☑。

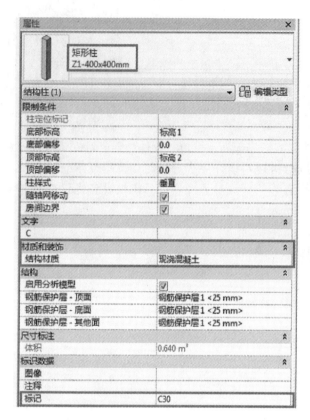

图 9.8.1-1　矩形柱属性

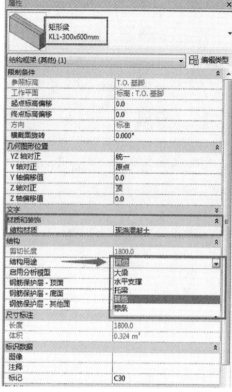

图 9.8.1-2　矩形梁属性

结构材质：现浇混凝土/加气混凝土/砌块/砖。

注释：内墙/外墙/女儿墙/内山墙/外山墙/围墙。

标记：C20（混凝土强度等级标号，字母统一大写）。

基本墙属性见图 9.8.1-3。

4. 板

族：楼板。

族类型：平板－200mm/拱板－200mm。

厚度：200mm。

结构材质：现浇混凝土。

标记：C30（混凝土强度等级标号，字母统一大写）。

楼板属性见图 9.8.1-4。

5. 检查井

族：基础。

族类型：砖检查井（圆形）－400mm/砖检查井（矩形）600×600mm。

结构材质：砖。

标记：C20（混凝土强度等级标号，字母统一大写）。

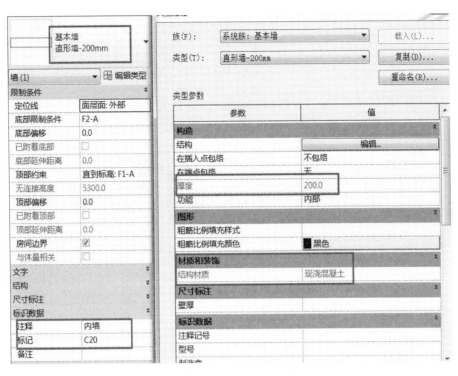

图 9.8.1-3 基本墙属性

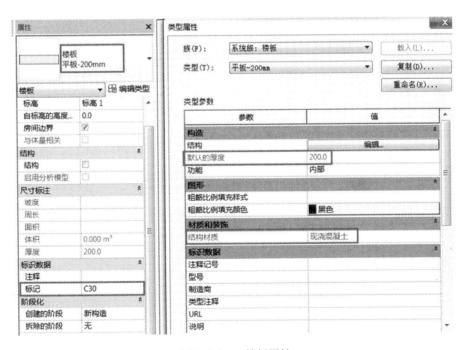

图 9.8.1-4 楼板属性

检查井属性见图 9.8.1-5。

6. 独立基础

族：桩承台/独立基础。

族类型：桩承台/独立基础—1800×1200×450mm。

结构材质：现浇混凝土。

标记：C20（混凝土强度等级标号，字母统一大写）。

独立基础属性见图 9.8.1-6。

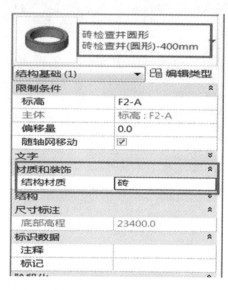

图 9.8.1-5　检查井属性　　　　图 9.8.1-6　独立基础属性

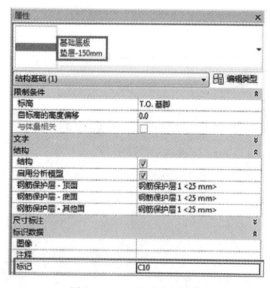

图 9.8.1-7　基础垫层属性

7. 基础垫层

族：基础底板。

族类型：基础垫层—150mm。

结构材质：现浇混凝土。

标记：C10（混凝土强度等级标号，字母统一大写）。

基础垫层属性见图 9.8.1-7。

8. 楼梯

族：整体楼梯。

族类型：直行楼梯/弧形楼梯。

整体式材质：现浇混凝土。

标记：C30（混凝土强度等级标号，字母统一大写）。

楼梯属性见图 9.8.1-8。

注：直形楼梯或弧形楼梯在"梯段类型"中注明，建议用草图绘制楼梯。

图 9.8.1-8 楼梯属性

注：楼梯建完后，要注意楼梯包含的构件添加相应的楼层信息。

9. 栏杆扶手

族：栏杆扶手。

族类型：钢管扶手－900mm /楼梯靠墙扶手－900mm /金属扶手－900mm。

底部标高：标高 1。

高度：900。

长度：5100。

栏杆扶手属性和修改见图 9.8.1-9。

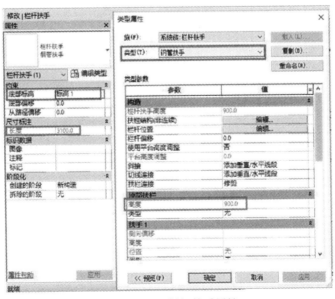

图 9.8.1-9 栏杆扶手属性

9.8.2　机电主要模型构件属性信息

1. 机电系统建模范围一览表（图 9.8.2-1）

RIB MEP 建模范围一览表

System 系统	Equipment 设备	Pipe 管道	Pipe Fittings 管件	Pipe Accessories 管路附件	Air Terminal 风道末端	Ducts 风管	Duct Fittings 风管管件	Duct Accessories 风管附件	Electrical Equipment 电气设备	Electrical Fixtures 电气装置	Lighting Fixtures 照明设备	Lighting Devices 灯具（器件）	Cable Tray 桥架/线槽	Cable Tray Fittings 桥架配件	Conduits 线管/配件
暖通系统	空气或水处理设备：新风机组、空调器、风机盘管、排气扇、净化器、冷却塔、水处理装置、水泵、水箱等	冷媒管、冷凝管、冷却水管、供水管、排水管等	弯头、三通、四通、变径头、过滤件、管帽、法兰等	阀门和仪表：闸阀、截止阀、球阀、蝶阀、流量器、过滤器、温度计、流量计等	散流器、格栅风口、条形回风口、风机盘管散流器、风机盘管回风口等	镀锌钢板、不锈钢板、无机玻璃钢风管、玻镁复合风管、玻纤复合风管、多页送风口、排烟风口、钢板风管、防火阀	弯头、三通、四通、变径头、天方地圆等	防火阀、调节阀、排烟阀、止回阀、电动双位风阀、消声器、静压箱等	*	*	*	*	*	*	*
给排水系统	水处理设备和卫浴装置：水箱、水泵、排污泵、气压罐、大便器、小便器、洗脸盆等	各供水排水管道：铸铁管、镀锌钢管、不锈钢管、复合管、铜管、水泥管等	弯头、三通、四通、变径头、过滤件、管帽、法兰等	阀门和仪表：闸阀、截止阀、球阀、Y型过滤器、清扫口、检查口、雨水斗、通气帽、水表、压力继电器等	*	*	*	*	*	*	*	*	*	*	*
消防系统	火警设备和灭火装置：水泵、消火栓、灭火器、喷头、感烟/温探测器、报警器、模块、按钮、声光报警器、警铃等	镀锌钢管、碳钢管、不锈钢管、铜管	弯头、四通、变径头、过滤件、管帽、法兰等	阀门和仪表：闸阀、蝶阀、水表、水流指示器、湿式报警阀、末端试水装置等	*	*	*	*	*	*	*	*	*	*	*
电气系统	发电机组、变压器、自控装置设备、散热器、泵等	*	*	*	*	*	*	*	箱柜体：配电箱、配电柜、开关箱、电表箱等	接线盒、插座、灯头盒等	吸顶灯、筒灯、应急照明灯等	开关、接线	梯式、槽式、托盘式（材质钢、铝、铝合金、玻璃倒、pvc、镀铝锌）等	弯通、三通、四通、异径、连接等	PVC管、PE管、JBG电管、半硬质料管、硬质料管、镀锌钢管、涂塑钢管

图 9.8.2-1　RIB MEP 建模范围

2. 机电构件建模范围一览表（图 9.8.2-2）

Component Type 构件类型	AC 暖通系统	DL 给排水系统	PF 消防系统	EL 电气系统
Equipment 设备	✓	✓	✓	✓
Air Terminal 风道末端	✓			
Ducts 风管	✓			
Duct Fittings 管件	✓			
Duct Accessories 风管附件	✓			
Pipe 管道	✓	✓	✓	
Pipe Fittings 管件	✓	✓	✓	
Pipe Accessories 管路附件	✓	✓	✓	
Electrical Equipment 电气设备				✓
Electrical Fixtures 电气装置				✓
Lighting Fixtures 照明设备			✓	✓
Lighting Devices 电气器件				✓
Cable Tray 桥架/线槽			✓	✓
Cable Tray Fittings 桥架配件			✓	✓
Conduits 线管/配件			✓	✓

图 9.8.2-2　机电构件建模范围

3. 机电主要模型构件属性信息

（1）暖通/防排烟工程

1）机械设备：空调器/风机/空调机组/风机盘管（表 9.8.2-1）。

机械设备主要属性信息 表 9.8.2-1

属性名称	属性值	是否为筛选参数	算量	计价
RevitFamilyName 族名称	如：风机盘管		●	
RevitTypeName 类型名称	如：FCU400/FCU600		●	
System Name（系统名称）	如：空调送风系统		●	

① 空调器（图 9.8.2-3）。

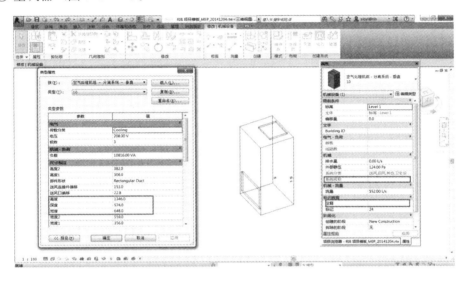

图 9.8.2-3 空调器属性

② 风机（图 9.8.2-4）。

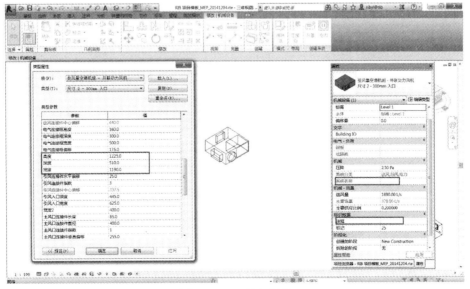

图 9.8.2-4 风机属性

2）风道末端：百叶风口/加压风口/散流器等（表9.8.2-2）。

风道末端主要属性信息 表 9.8.2-2

属性名称	属性值	是否为筛选参数	算量	计价
RevitFamilyName 族名称	如：方形散流器	●		
System Type（系统类型）	如：新风系统	●		
Size 尺寸	如：300×300 或 125∅		●（筛选）	●
Material 材质	如：铝合金	●		

① 百叶风口（图 9.8.2-5）。

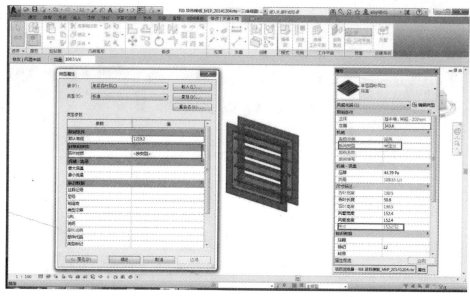

图 9.8.2-5　百叶风口属性

② 散流器（图 9.8.2-6）。

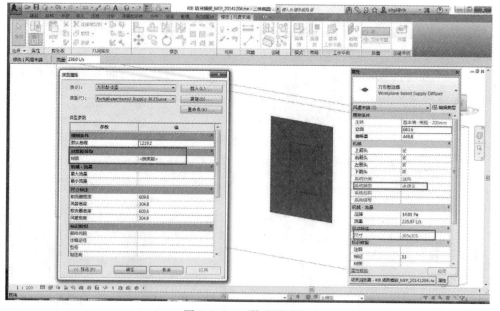

图 9.8.2-6　散流器属性

3）风管（表 9.8.2-3、图 9.8.2-7、图 9.8.2-8）。

风管主要属性信息 表 9.8.2-3

属性名称	属性值	是否为筛选参数	算量	计价
RevitFamilyName 族名称	如：矩形风管	●		
RevitTypeName 类型名称	如：镀锌风管	●		
System Type（系统类型）	如：新风系统	●		
Area 面积	如：300mm×300mm 或 125∅		●	●
Width 宽度	如：铝合金		●	
Height 高度				
Length 长度			●	
Diameter 直径			●	
Duct Pressure Level 风管			●	
Duct Pressure Level 风管压力级别	如：高压系统 High Pressure			●
保温/耐火材质（可以在项目里填）				●
保温/耐火层厚度		●		

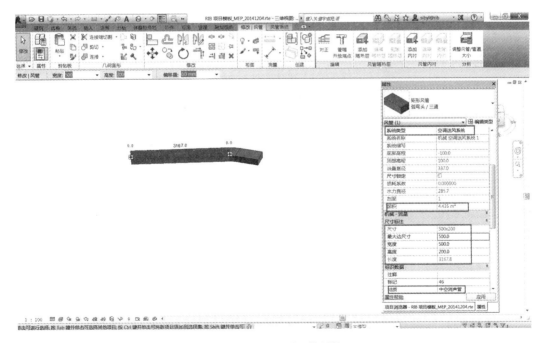

图 9.8.2-7 矩形风管属性

注：最大边尺寸为，最大一边的单边长度。如 1200mm×400mm 的风管，最大边尺寸为：1200mm。

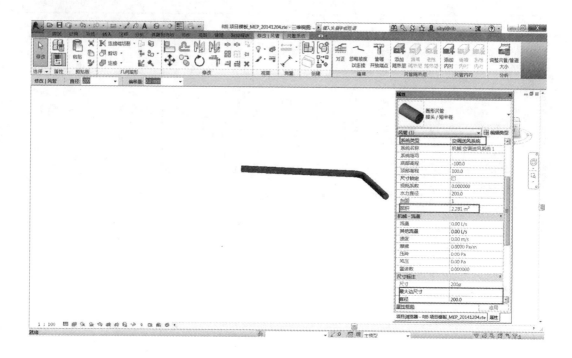

图 9.8.2-8　圆形风管属性

4）风管附件（表 9.8.2-4、图 9.8.2-9）。

风管附件主要属性信息

表 9.8.2-4

属性名称	属性值	是否为筛选参数	算量	计价
RevitFamilyName 族名称	如：防火阀	●		
RevitTypeName 类型名称	如：280°防火阀			
System Type（系统类型）	如：新风系统	●		
Size 尺寸	如：200×200mm		●	●
Material 材质			●	
Center Length 中心长度				
Material 风阀材质		●		
保温/耐火材质（可以在项目里填）	如：风管离心玻璃	●		
保温/耐火层厚度	如：25.0mm	●	●	

5）风管管件（表 9.8.2-5、图 9.8.2-10）。

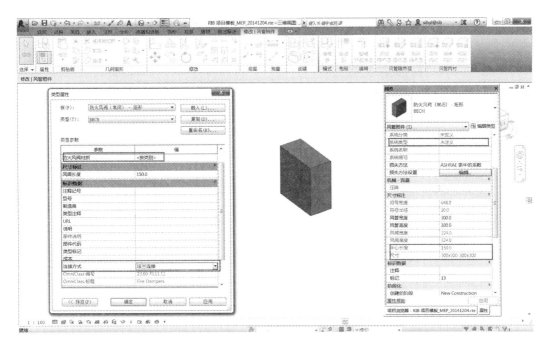

图 9.8.2-9 防火阀属性

风管管件主要属性信息   表 9.8.2-5

属性名称	属性值	是否为筛选参数	算量	计价
RevitFamilyName 族名称	如：矩形弯头	●		
RevitTypeName 类型名称	如：镀锌风管	●		
System Type（系统类型）	如：新风系统	●		
Area 面积			●	
Size 尺寸	L×W—L×W or R—R 长×宽—长×宽或直径—直径		●	
Average Circumference 平均周长			●	
Center Length 中心长度			●	
Duct Pressure Level 风管压力级别	如：高压系统			●
保温/耐火材质	如：风管离心玻璃棉保温		●	
保温/耐火层厚度	如：25.0mm		●	

6）软风管（表 9.8.2-6、图 9.8.2-11）。

软风管主要属性信息   表 9.8.2-6

属性名称	属性值	是否为筛选参数	算量	计价
RevitFamilyName 族名称	如：圆形软风管	●		
RevitTypeName 类型名称	如：铝箔软管	●		
System Type（系统类型）	如：空调送风系统	●		
Diameter 直径		●		●
Length 长度	L×W— L×W or R—R 长×宽—长×宽或直径—直径		●	
保温/耐火材质	如：风管离心玻璃棉保温	●		●
保温/耐火层厚度	如：25.0mm	●	●	

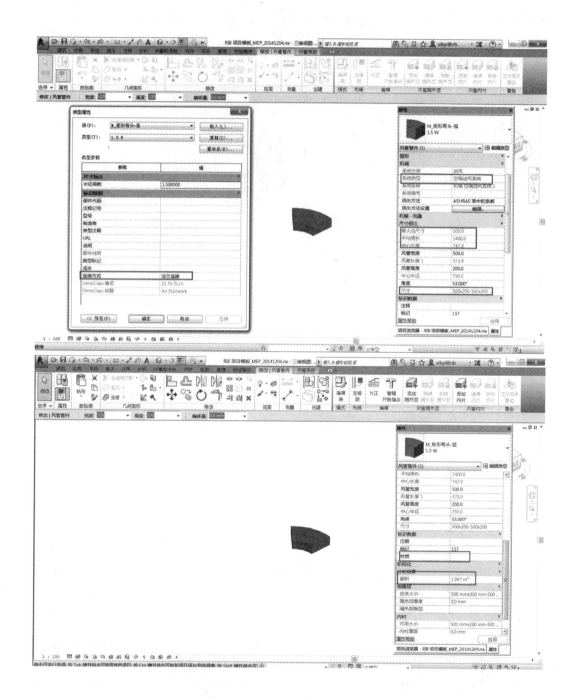

图 9.8.2-10　风管管件弯头属性

（2）设备/管道工程

包含给排水管道/消防水系统管道/空调水系统管道/工业管道。

1）机械设备：冷水机组/水泵/板式散热器等（表 9.8.2-7、图 9.8.2-12）。

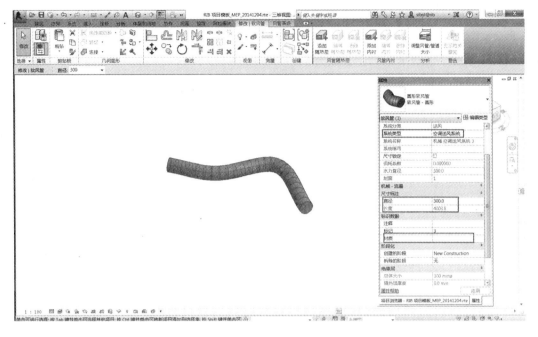

图 9.8.2-11 软风管属性

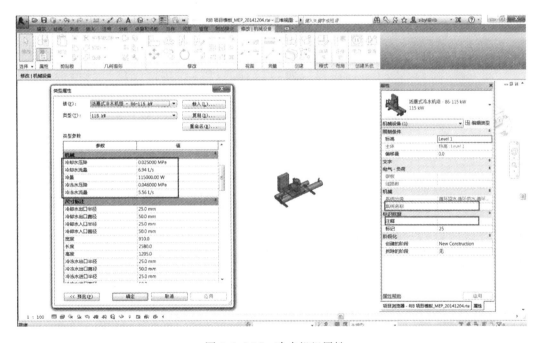

图 9.8.2-12 冷水机组属性

机械设备主要属性信息 表 9.8.2-7

属性名称	属性值	是否为筛选参数	算量	计价
RevitFamilyName 族名称	如：活塞式冷水机组	●		
RevitTypeName 类型名称				

续表

属性名称	属性值	是否为筛选参数	算量	计价
System Type（系统类型）	如：冷冻供水系统	●		
Comments 注释	流量扬程功率等			●
Cooling Capacity 制冷量		●		

注：流量、扬程等规格参数亦可单独列属性项。如上图蓝色框内，需与算量部门核对属性位置。

2）水箱（表 9.8.2-8、图 9.8.2-13）。

水箱主要属性信息

表 9.8.2-8

属性名称	属性值	是否为筛选参数	算量	计价
RevitFamilyName 族名称	如：水箱	●		
RevitTypeName 类型名称				
System type（系统类型）	如：冷冻供水系统	●		

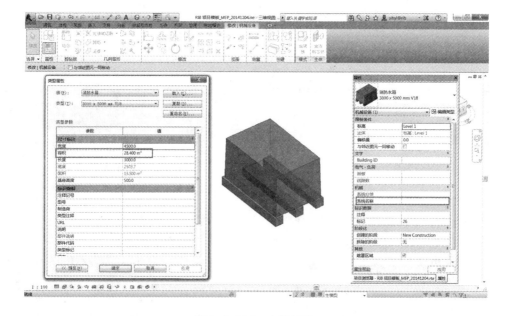

图 9.8.2-13　水箱属性

3）卫浴装置（表 9.8.2-9、图 9.8.2-14）。

卫浴装置主要属性信息

表 9.8.2-9

属性名称	属性值	是否为筛选参数	算量	计价
RevitFamilyName 族名称	如：蹲便器	●		
RevitTypeName 类型名称	如：710×710mm			
System type（系统类型）	如：污水排水系统	●		

注：冲洗装置类型、冷热水信息可写在族名称里，亦可单独列出如下图，需与算量部门统一。

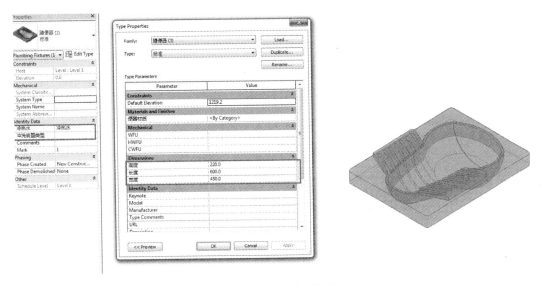

图 9.8.2-14　蹲便器属性

4）管道（表 9.8.2-10、图 9.8.2-15）。

管道主要属性信息　　　　　　　　表 9.8.2-10

属性名称	属性值	是否为筛选参数	算量	计价
RevitFamilyName 族名称	如：管道	●		
RevitTypeName 类型名称				
System Type（系统类型）	如：生活冷给水系统	●		
Material 材质	如：钢塑复合管	●		●
Pipe Section 管段	如：钢塑复合管	●		
Connection Mode 连接方式	如：螺纹连接	●		
Size 尺寸		●		●
Length 长度			●	
Area 面积			●	
Pressure 压强				
保温材质	如：管道橡塑保温	●		●
保温厚度	如：25.0mm			

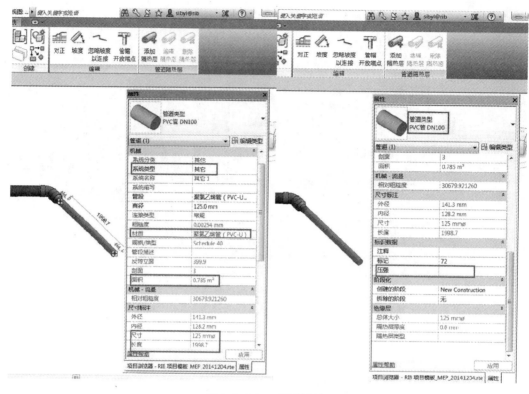

图 9.8.2-15　管道属性

5）管件：弯头/三通/四通/软等（表 9.8.2-11、图 9.8.2-16）。

管件主要属性信息

表 9.8.2-11

属性名称	属性值	是否为筛选参数	算量	计价
RevitFamilyName 族名称	如：弯头	●		
RevitTypeName 类型名称				
System Type（系统类型）	如：生活冷给水系统	●		
Material 材质	如：镀锌钢管	●		●
Connected Material 接管材质	如：镀锌钢管	●		
Connection Method 连接方式	如：螺纹连接		●	
Diameter 公称直径		●		●
Center Length 中心长度	附件中心到各端点 长度之和		●	
Area 面积	圆周率×直径×高		●	
Pressure 压强	如：1.6MPa、2.5MPa	●		●
保温材质	如：管道橡塑保温	●		●
保温层厚度	如：25.0mm	●		

214

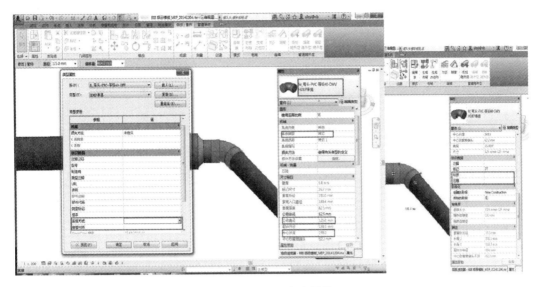

图 9.8.2-16 弯头属性

6）管道附件：阀门/仪表/地漏/水龙头/雨水斗等（表 9.8.2-12、图 9.8.2-17）。

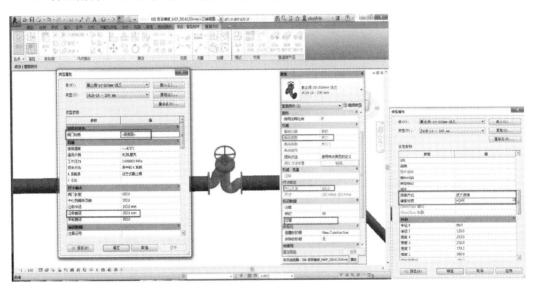

图 9.8.2-17 闸阀属性

管道附件主要属性信息　　　　　　　　　　　　　表 9.8.2-12

属性名称	属性值	是否为筛选参数	算量	计价
RevitFamilyName 族名称	如：蝶阀	●		
RevitTypeName 类型名称				
System Type（系统类型）	如：生活冷给水系统	●		
Material 材质	如：铸铁			●
Nominal Diameter 公称直径		●		●

属性名称	属性值	是否为筛选参数	算量	计价
Connected Material 接管材质	如：镀锌钢管	●		
Connection Method 连接方式	如：法兰连接		●	
Center Length 中心长度			●	
Pressure 压强	如：1.6MPa、2.0MPa			●
保温材质	如：管道橡塑保温	●		●
保温层厚度	如：25.0mm	●		

7）套管（表 9.8.2-13、图 9.8.2-18）。

套管主要属性信息　　　　　　　　　　表 9.8.2-13

属性名称	属性值	是否为筛选参数	算量	计价
RevitFamilyName 族名称	如：钢制套管	●		
RevitTypeName 类型名称				
System Type（系统类型）	如：生活冷给水系统	●		
Material 材质	如：钢			●
Nominal Diameter 公称直径		●		●

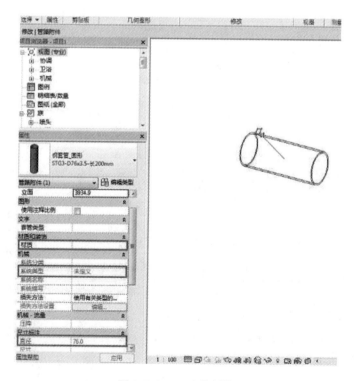

图 9.8.2-18　套管属性

（3）电气工程

1）电气设备：配电箱（柜）等（表9.8.2-14、图9.8.2-19）。

电气设备主要属性信息 表9.8.2-14

属性名称	属性值	是否为筛选参数	算量	计价
RevitFamilyName 族名称	如：配电箱			
RevitTypeName 类型名称	如：配电箱	●		
System Type（系统类型）	如：配电系统	●		
子系统类型	如：强电干线系统	●		
Width 宽度			●	
Height 高度			●	

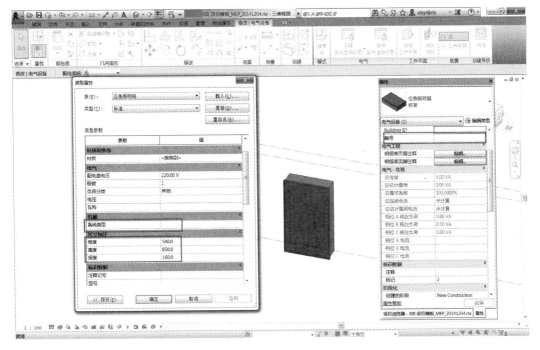

图 9.8.2-19 配电箱属性

2）桥架/线槽（表9.8.2-15、图9.8.2-20）

桥架/线槽主要属性信息 表9.8.2-15

属性名称	属性值	是否为筛选参数	算量	计价
RevitFamilyName 族名称	如：带配件的电缆桥架			
RevitTypeName 类型名称	如：线槽	●		●
System Type（系统类型）	如：配电系统	●		
Width 宽度		●		●
Height 高度		●		●
Length 长度			●	

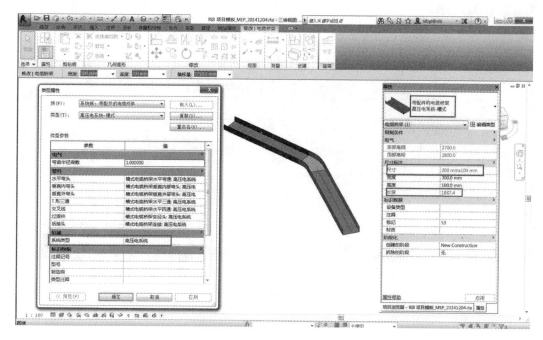

图 9.8.2-20　电缆桥架属性

3）桥架/线槽配件（表 9.8.2-16、图 9.8.2-21）。

桥架/线槽配件主要属性信息　　　　　　表 9.8.2-16

属性名称	属性值	是否为筛选参数	算量	计价
RevitFamilyName 族名称				
RevitTypeName 类型名称	如：水平三通	●		●
System Type（系统类型）	如：配电系统	●		
Cable Tray Width 桥架宽度		●		
Cable Tray Height 桥架高度		●		
Center Length 中心长度	（附件中心到各端点长度之和）		●	

4）线管（表 9.8.2-17、图 9.8.2-22）。

线管主要属性信息　　　　　　表 9.8.2-17

属性名称	属性值	是否为筛选参数	算量	计价
RevitFamilyName 族名称	如：带配件的线管	●		
RevitTypeName 类型名称	如：SC	●		●
System Type（系统类型）	如：配电系统	●		
子系统类型	如：公共照明系统	●		
Nominal Diameter 公称直径		●		
Length 长度			●	

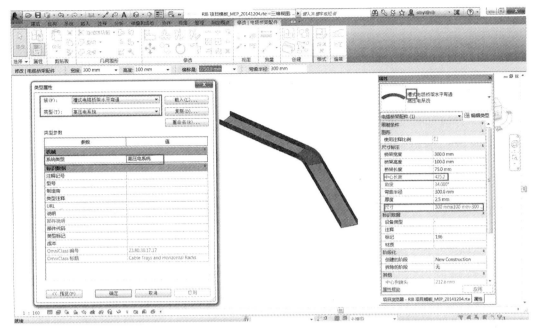

图 9.8.2-21　槽式水平弯通属性

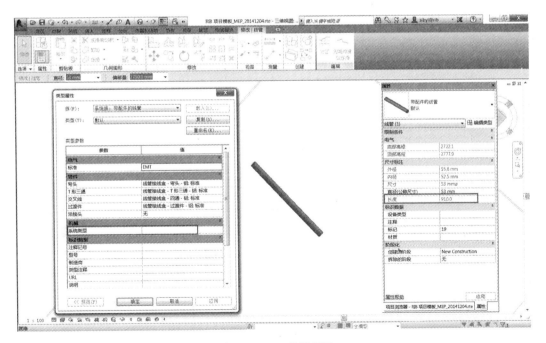

图 9.8.2-22　线管属性

5）线管配件：包括弯头/三通/四通等配件（表 9.8.2-18、图 9.8.2-23）。

线管配件主要属性信息　　　　　　　　　　　　　　表 9.8.2-18

属性名称	属性值	是否为筛选参数	算量	计价
RevitFamilyName 族名称				
RevitTypeName 类型名称	如：SC	●		●
System Type（系统类型）	如：配电系统	●		
子系统类型	如：公共照明系统	●		
Nominal Diameter 公称直径		●		
Center Length 中心长度			●	

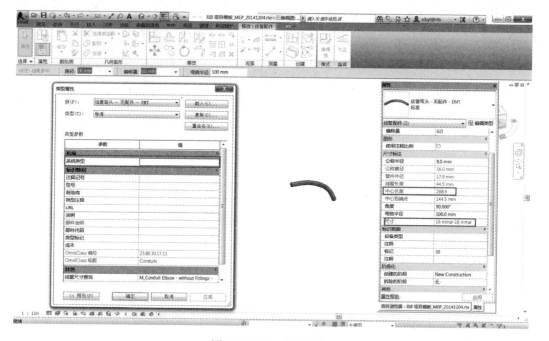

图 9.8.2-23　弯头属性

6）照明设备：如灯管/筒灯等（表 9.8.2-19、图 9.8.2-24、图 9.8.2-25）。

照明设备主要属性信息　　　　　　　　　　　　　　表 9.8.2-19

属性名称	属性值	是否为筛选参数	算量	计价
RevitFamilyName 族名称				
RevitTypeName 类型名称	如：筒灯	●		
System Type（系统类型）	如：配电系统	●		
子系统类型	如：公共照明系统			●
Center Length 中心长度			●	
Light Elevation 灯杆高度				●

7）电气点位：开关/插座/线管接线盒/灯头盒（表 9.8.2-20、图 9.8.2-26～图 9.8.2-28）。

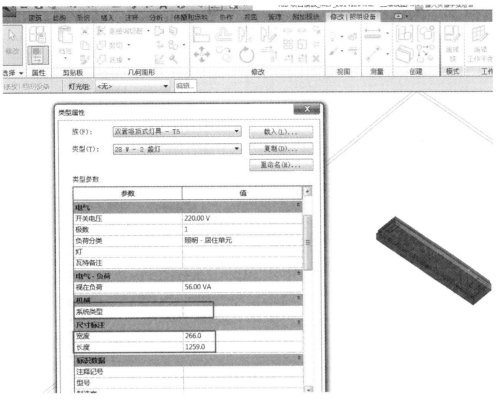

图 9.8.2-24　荧光吸顶灯属性

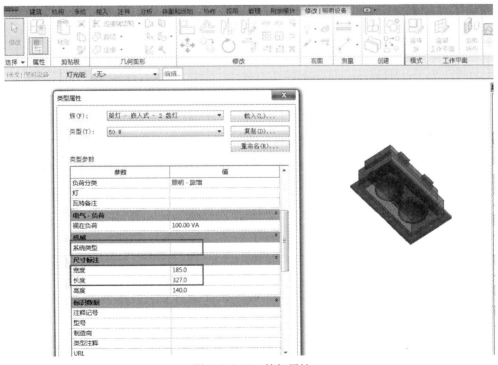

图 9.8.2-25　筒灯属性

电气点位要属性信息 表 9.8.2-20

属性名称	属性值	是否为筛选参数	算量	计价
RevitFamilyName 族名称				
RevitTypeName 类型名称	如：接线盒	●		
System Type（系统类型）	如：配电系统	●		
子系统类型	如：强电干线系统	●		
Width 宽度		●		
Height 高度		●		
Center Length 中心长度		●		

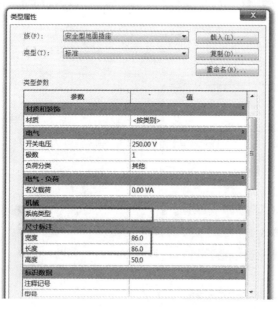

图 9.8.2-26 插座属性

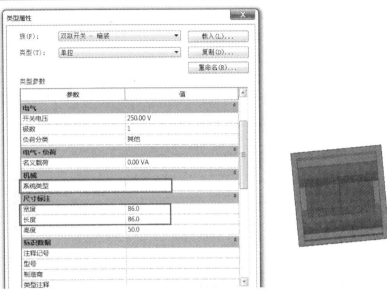

图 9.8.2-27　开关属性

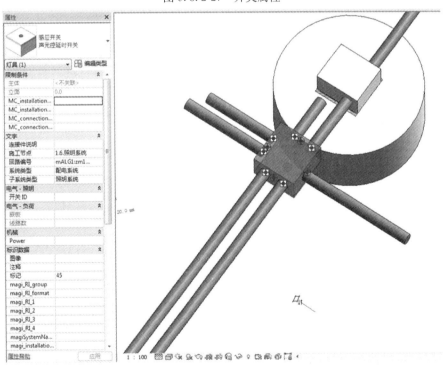

图 9.8.2-28　线管连接配线盒

注：线管请连接到配线盒边上，不能穿过配线盒。

9.9　构件属性添加方法

参数是族构件携带信息的方式，参数可用来存储和控制构件的几何、非几何数据的表达方式以及内容，对项目中的任何图元、构件类别均可以自定义参数信息，并在【属性】或【类型属性】对话框中显示。

（1）项目参数

项目参数特定于某个项目文件。通过将参数指定给多个类别的图元、图纸或视图，系统会将它们添加到图元。项目参数中存储的信息不能与其他项目共享。项目参数用于在项目中创建明细表、排序和过滤。

（2）族参数

存在于族构件中，可控制族变量值，存储族构件的信息。

（3）嵌套族

主体族可关联嵌入族以控制其参数。

（4）共享参数

共享参数可用于多个族或项目中。将共享参数添加到族或项目后，可将其用作族参数或项目参数应用。

共享参数可以用于标记，并可将其添加到明细表中。

共享参数的定义存储在不同独立文件中（不是在项目或族中），因此受到保护不可更改。

9.9.1　项目参数添加方法

打开管理—项目参数对话框—选择参数类型—填写属性名称及参数类型—勾选需要此属性的构件（图 9.9.1）。

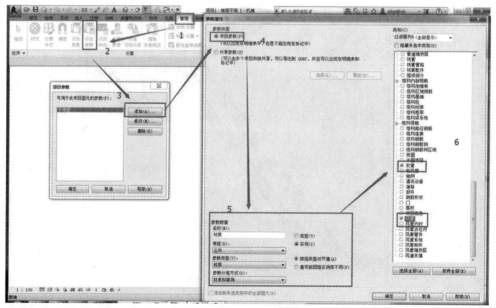

图 9.9.1　添加项目参数

9.9.2 共享参数添加方法

打开管理—共享参数对话框—创建共享参数文件—输入文件名称—保存（图9.9.2）。

图9.9.2 添加共享参数

9.9.3 中心长度参数添加方法

编辑族文件—打开族类型对话框—点击添加参数对话框（图9.9.3-1）。

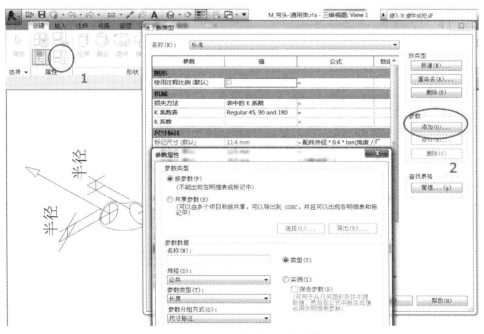

图9.9.3-1 添加中心长度参数

设置"中心长度"为共享参数，在明细表中可显示，方便检查，下图创建参数组名称（图 9.9.3-2）。

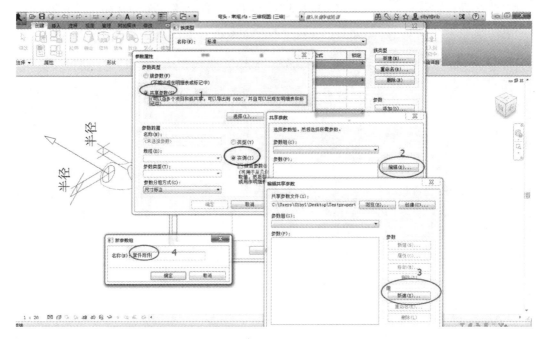

图 9.9.3-2　设置中心长度为共享参数

新增参数，输入"参数名称＝中心长度"（图 9.9.3-3）。

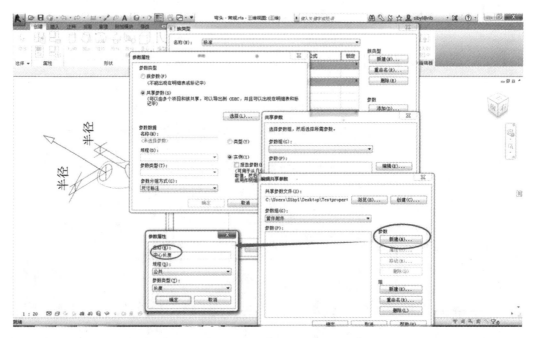

图 9.9.3-3　新建中心长度参数

管道弯头的中心长度：（公式：中心长度＝中心到端点标签＊2）（图9.9.3-4）。

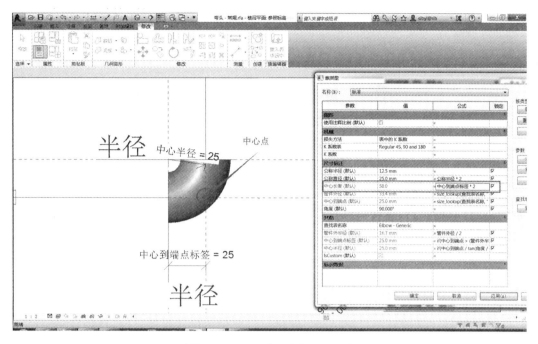

图9.9.3-4　管道弯头的中心长度

管道三通的中心长度：（公式：中心长度＝中心到端点标签＊3）（图9.9.3-5）。

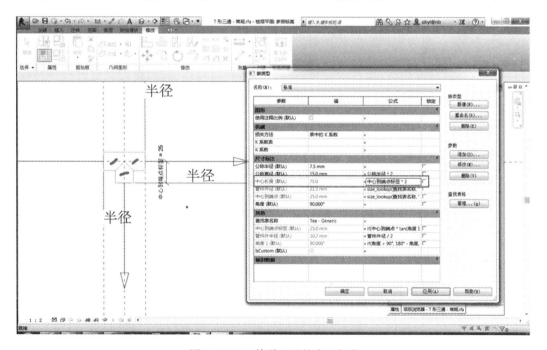

图9.9.3-5　管道三通的中心长度

族在项目文件中的效果（图9.9.3-6）。

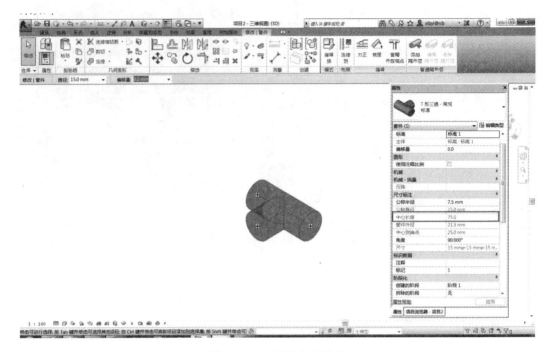

图 9.9.3-6　显示中心长度

9.9.4　平均周长参数添加方法

风管弯头的平均周长：（公式：平均周长＝风管宽度 * 2＋风管高度 * 2)(图 9.9.4)。

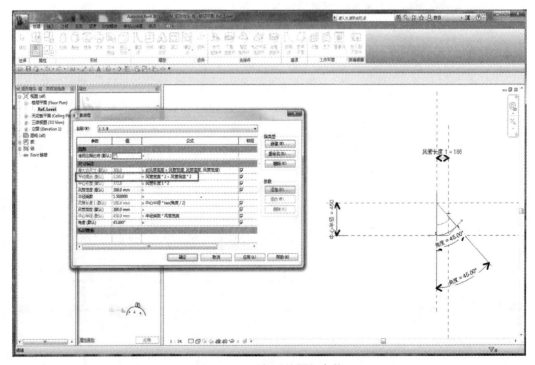

图 9.9.4　添加平均周长参数

9.9.5 最大边尺寸参数添加方法

风管弯头的最大边尺寸:(公式:if(风管高度>风管宽度,风管高度,风管宽度))(图 9.9.5)。

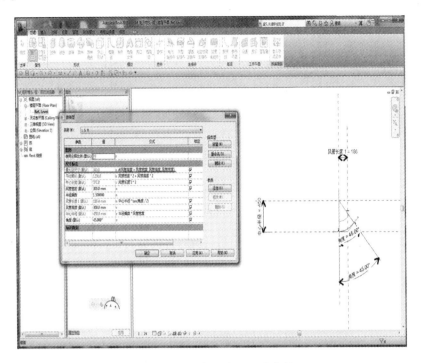

图 9.9.5 添加最大边尺寸参数

9.10 构件扣减原则

做过工程算量的人员都知道,工程量计算最复杂的地方就是相关联构件的扣减,这甚至比计算异形构件还要麻烦。原因主要有两个,一是因为工程量计算是有规则的,而且各地区的计算规则都不尽相同,需要依据当地的计算规则确定。二是因为异形构件相交部分难以想象,计算困难。异形构件本身计算很复杂,再跟其他构件相交,可以想象会是什么结果。所以,在建模初期,我们就要明确每个构件的建模规则,比如用什么工具建模、必须添加什么属性参数,还要明确在平台中构件的计算规则,依据这些规则反推出建模过程中的构件的扣减原则。下图仅为扣减规则示例,用户需要根据自己企业计算规则,建立符合项目实际情况的扣减原则,见图 9.10。

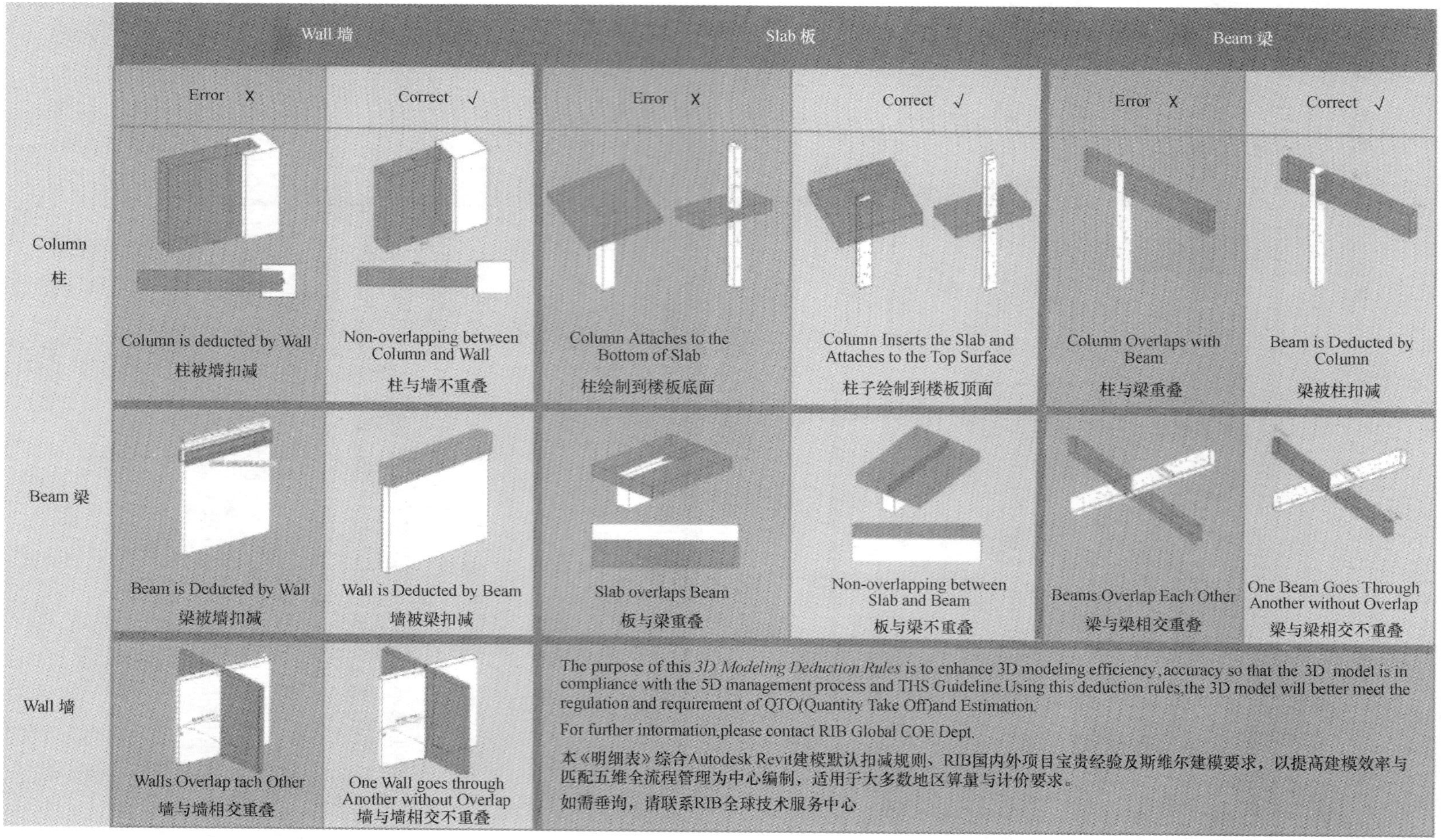

图 9.10　三维模型扣减规则明细表

9.11　模型优化

1. 在 Revit 模型里优化

（1）结构几何形体简化，见图 9.11-1。

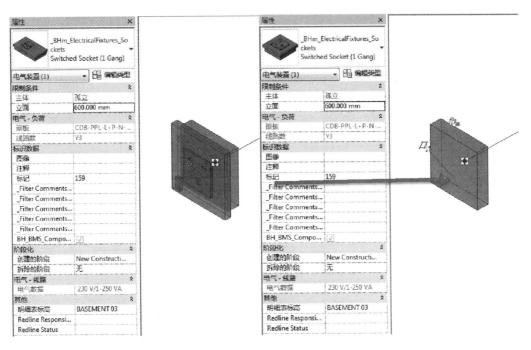

图 9.11-1　结构几何形体简化

（2）单位转化成米，见图 9.11-2。

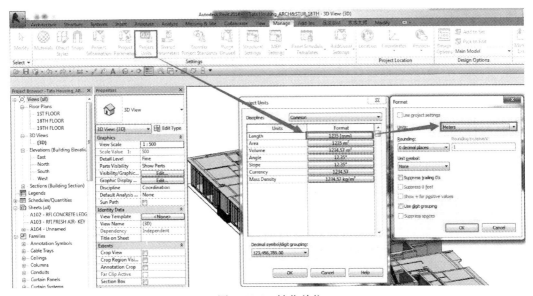

图 9.11-2　转化单位

（3）清理所有不必要的族，见图 9.11-3。

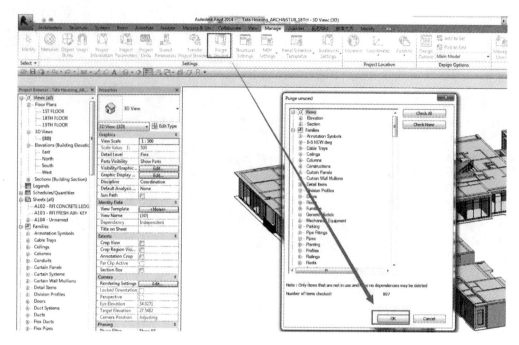

图 9.11-3　清理未使用项

2. 在导出配置界面优化

（1）点击设置按钮，打开 RIB 给的配置文件（中英文版及土建机电均适用）（图 9.11-4）。

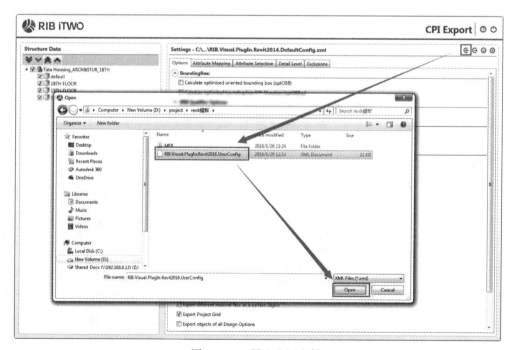

图 9.11-4　导入配置文件

（2）取消 OBBBox 的导出选项，见图 9.11-5。

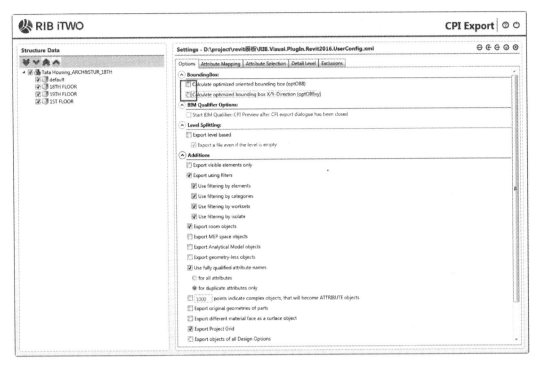

图 9.11-5　取消 OBBBox 的导出选项

（3）单击属性选项卡，在下面属性中右键，选择不导出全部属性，见图 9.11-6。

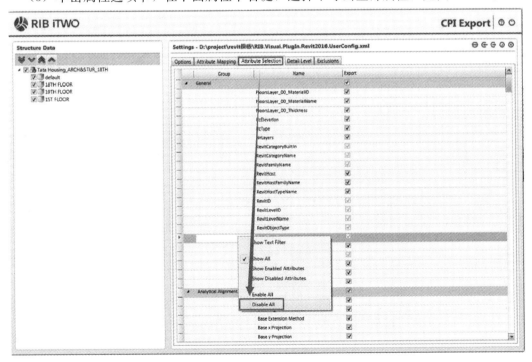

图 9.11-6　选择不导出全部属性

（4）仅显示导出属性，见图 9.11-7。

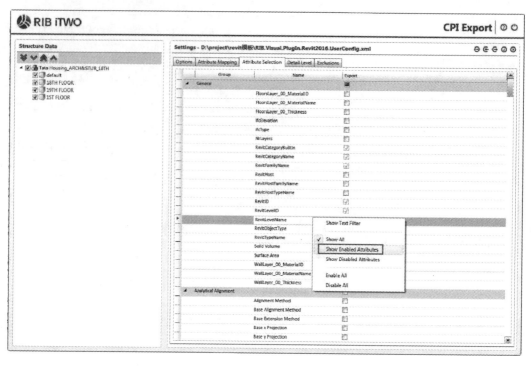

图 9.11-7　仅显示导出属性

（5）简化后的属性就仅有这些，见图 9.11-8。

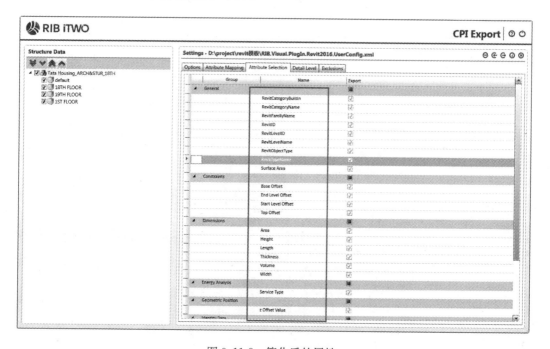

图 9.11-8　简化后的属性

（6）单击明细层级，选择几何数据详细程度为'粗略'，见图 9.11-9。

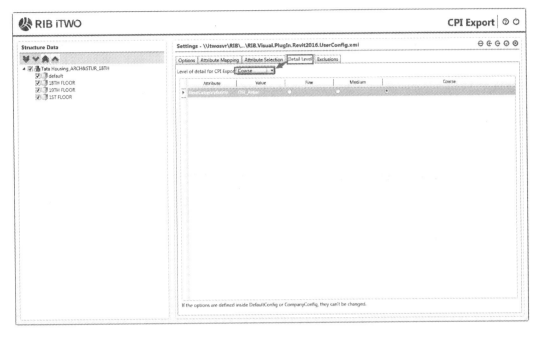

图 9.11-9 设置明细层级

（7）点击完成后便可以导出，见图 9.11-10。

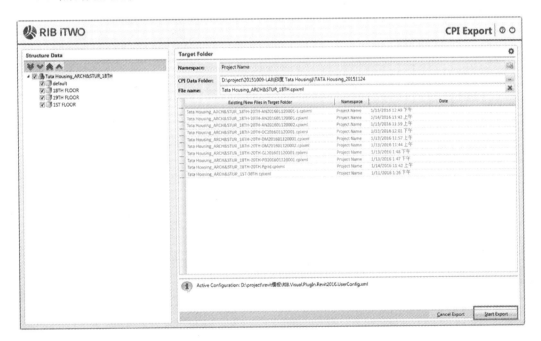

图 9.11-10 开始导出 CPI

第 10 章　常见应用问题汇总与解答

10.1　关于浏览器的使用问题与解答

问题 1：通过浏览器首次登录 iTWO 4.0 平台时，不显示平台界面。

解答：在输入网址时，使用【https：//】作为域名开头。

建议在登录平台后，使用收藏夹保存网址。以谷歌浏览器为例（图 10.1-1）。

问题 2：浏览器无法正常登录 iTWO 4.0 平台，平台界面显示不完全。

解答：建议使用"Google Chrome""Edge""IE"浏览器登录平台（图 10.1-2）。

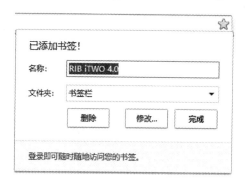

图 10.1-1　添加书签

图 10.1-2　各主流浏览器

问题 3：浏览器运行迟缓，模型加载报错。

解答：请清理浏览器缓存后重试。以谷歌 Chrome 浏览器为例（图 10.1-3、图 10.1-4）。

图 10.1-3　清除浏览数据路径

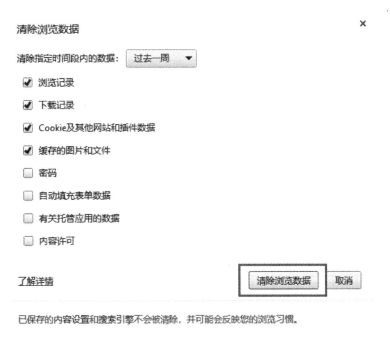

图 10.1-4 清除浏览数据

10.2 关于平台的使用问题与解答

问题 1：关于基本工作界面的个性化设置。

解答：在工作区界面，单击右上角的【选项】 工具，在下拉菜单中选择"设置"选项。在打开的【用户设置】对话框中可设置界面颜色、背景图、侧边栏位置，LOGO等个性化内容。勾选"激活设置"后，相关内容可被使用，见图 10.2-1、图 10.2-2。

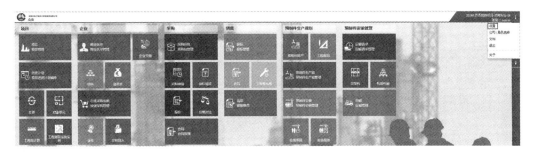

图 10.2-1 选项设置按钮

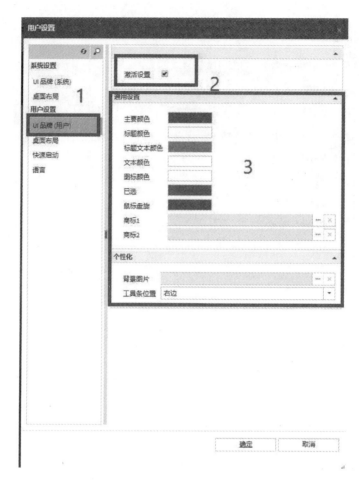

图 10.2-2　用户设置窗口

问题 2：在三维模型视图中如何快速显示模型。

解答：在【三维模型视图】的窗口工具栏中单击【视图配置】 工具，渲染模式的选择有服务器端及客户端，具体要根据使用的机器性能确定，如在使用过程中发现电脑卡顿，可将渲染模式改为服务器端，渲染过程将在服务器中运行，减少占用客户端的资源，流模式为"根据需要加载模型部件"，并勾选防止超时，可加快模型显示速度。此方式仅用于查看模型时使用，不适用于 5D 虚拟建造演示，见图 10.2-3、图 10.2-4。

图 10.2-3　视图配置按钮

图 10.2-4 视图配置窗口

问题 3：如何查看平台版本。

解答：在工作区界面，单击右上角的【选项】 ⋮ 工具，在下拉菜单中选择"关于"选项。可查看平台当前版本号，见图 10.2-5、图 10.2-6。

图 10.2-5 选项中的"关于"按钮

图 10.2-6 iTWO 版本显示

问题 4：如何切换平台数据语言。

解答：

① 方法一：可在登录平台时自动弹出的公司选择界面进行设置，包括平台的界面语言以及数据语言。

② 方法二：在工作区界面，单击右上角的【选项】 工具，在下拉菜单中选择"设置"选项。在打开的【用户设置】对话框中的语言面板进行界面语言和数据语言的切换，见图 10.2-7、图 10.2-8。

图 10.2-7 方法一

图 10.2-8 方法二

问题5：如何根据业务实际需要调用窗口视图。

解答： 在各功能模块的标签页中单击【选项】 工具，选择"编辑视图"选项，在视图内可设置各窗口的布局以及所显示的窗口内容。而且平台支持视图编辑窗口的拖拽功能。可从位置1直接用鼠标拖拽到位置2。便于用户操作，见图10.2-9、图10.2-10。

图10.2-9　编辑视图按钮

图10.2-10　布局管理窗口

问题6：如何在平台中实现文件存储管理。

解答：

① 方法一：在【进度计划】模块内，本书已提到，可以选中施工组织条目，在【项目文档】窗口新建文档条目，并上传相关文档，见图10.2-11。

在此处上传的文档，主要是针对选中的施工计划，上传关于此施工计划的标准、图纸、说明、施工日志等各类文件内容。

② 方法二：在【缺陷】模块内，本书已提到，可以选中缺陷条目，在【文档】窗口新建文档条目，并上传相关文档，见图10.2-12。

在此处上传的文档，主要是针对选中的缺陷内容，上传关于此质量安全问题的现场照片、整改方案、审批意见等各类文件内容。

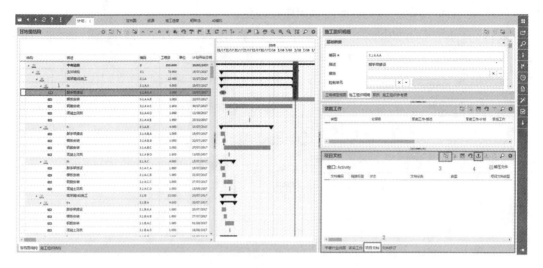

图 10.2-11　方法一

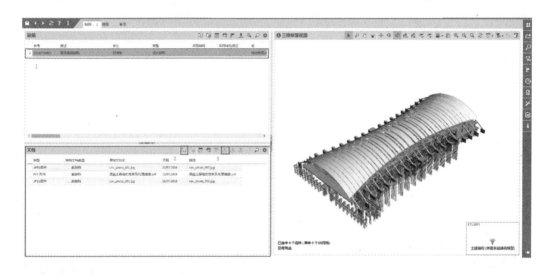

图 10.2-12　方法二

③ 方法三：在【项目】模块中的【文件】标签页，可查看当前项目中各个模块已上传的全部文档，也可在【文件】标签页的【项目文档】窗口新建文档条目，在【文件修订】窗口上传各类文档，进行文档管理，见图 10.2-13。

可上传的文档格式包括：DOCX 文件、PDF-数据、TXT 文本文件、XML 文件、Excel 表格、图片、BMP 图像、TIFF 图片、HTML、RTF、PDF 附件、JPEG 图片等。

问题 7：如何实现点选信息条目来查看对应构件。

解答：

① 在【模型】模块中（图 10.2-14）。

在【模型】标签页内，跳转至模型详细内容后，在【构件】窗口已列出模型内全部构件条目，可点选构件条目，在【三维模型视图】窗口内亮显相应构件，也可在【构件属性】以及【模型构件信息列表】内查看当前构件的属性信息。

图 10.2-13　方法三

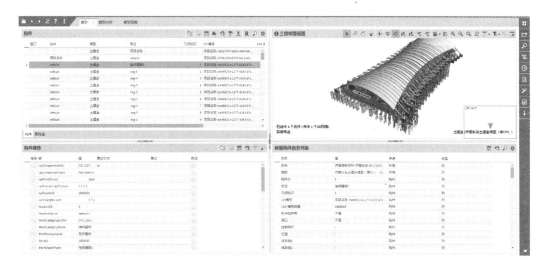

图 10.2-14　模型模块

【构件属性】窗口，仅显示在【构件】窗口内选中的构件的属性信息。

【模型构件信息列表】窗口，可显示在【构件】窗口内或【三维模型视图】窗口内，最终选中的构件的属性信息。

② 在【工程测算系统实例】模块中（图 10.2-15）。

在【工程测算系统实例】模块中，可对模型进行工程量计算及清单、定额预匹配等功能，需要对大量的模型构件进行查看和筛选。

勾选【实例】窗口中的对勾，在【三维模型视图】窗口工具栏中单击【筛选】工具，选择"按照主数据筛选"，即可在【三维模型视图】窗口中查看当前已勾选的算量实例所分配的构件。

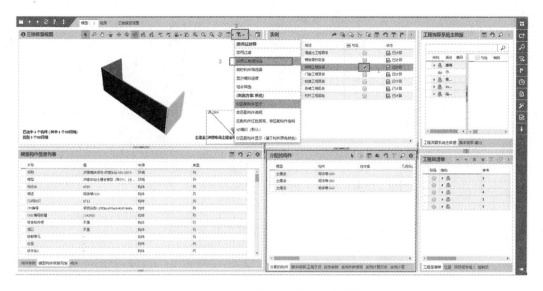

图 10.2-15 工程测算系统实例模块

问题 8：如何快速定位至已经使用过的模块（图 10.2-16～图 10.2-18）。

图 10.2-16 项目收藏夹

图 10.2-17 添加项目到收藏夹

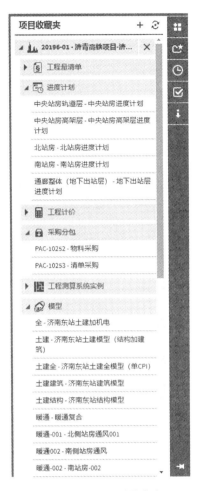

图 10.2-18　查看收藏夹

解答： 在项目使用过程中，需要在平台内各个模块进行跳转，可通过侧边栏内收藏夹功能，快速跳转至选定项目的已使用过、录入过数据的模块。

在侧边栏收藏夹工具内，单击【添加项目到收藏夹】➕工具，选择当前公司内需要添加到收藏夹的项目后，点击"确定"按钮，即可在收藏夹内看到已收藏的项目和项目内已录入信息的模块及条目。

问题 9： 在【工程测算系统实例】中，实例计算失败，如何处理(图 10.2-19～图 10.2-21)。

图 10.2-19　编辑视图

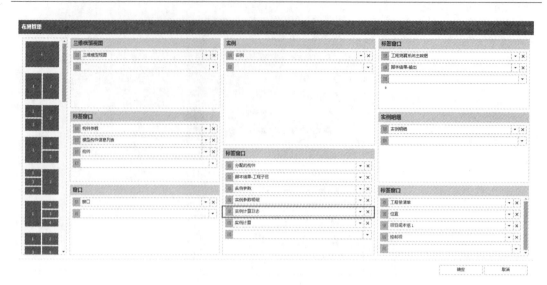

图·10.2-20　打开实例计算日志窗口

图 10.2-21　查看实例计算日志

解答：在【工程测算系统实例】内，通过编辑视图，找到【实例计算日志】窗口，把实例计算日志以邮件形式发送给 RIB 技术人员，由 RIB 技术人员检查脚本内置计算规则与模型是否匹配、计算服务器是否出错等问题，并进行解决。

问题 10：如何在工程子目中批量匹配清单、定额子目（图 10.2-22～图 10.2-24）。

解答：使用【工程子目】窗口工具栏中的【批量修改】工具。

对大量工程子目或施工组织计划条目等，需要统一调整某一列标签的内容时，可使用【批量修改】工具快速实现。

先选中所需调整的子目，点击窗口工具栏中【批量修改】工具。

图 10.2-22　批量修改工具

在【批量修改】对话框中，选择所需修改的字段、操作符及目标内容（图 10.2-23、图 10.2-24）。

图 10.2-23　批量修改

图 10.2-24　设置可修改字段

问题 11：如何在窗口中根据需要编辑功能列的显示、隐藏及固定（图 10.2-25、图 10.2-26）。

解答：在实际使用过程中，往往会发现我们所需要的功能列在窗口中无法找到，以【工程子目】窗口为例，在【表格配置】 ⚙ 工具内，从左侧的可选列中搜索我们所需的列标签，通过中间的移动按钮，将所需的列标签从可选列窗口移动到可见列窗口中，并在可见列窗口调整列标签的优先级、是否固定显示等内容，还可以自定义标签名用于覆盖原平台显示的系统标签名。

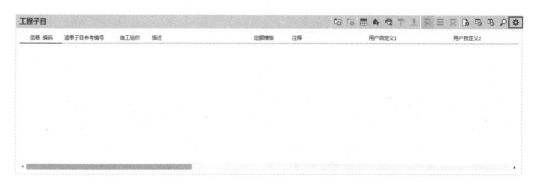

图 10.2-25　表格配置按钮

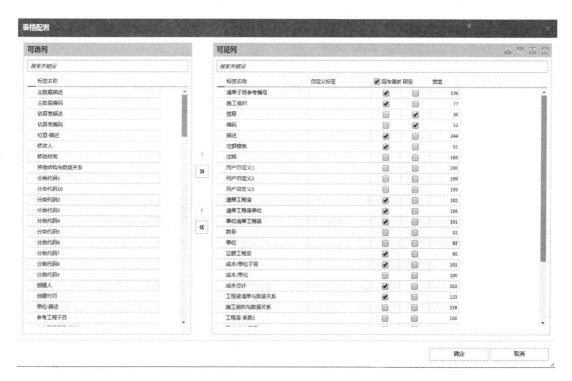

图 10.2-26　表格配置窗口

问题 12：如何保存筛选条件（图 10.2-27～图 10.2-30）。

解答：在进行模型筛选工作时，许多筛选条件要多次使用，可通过保存筛选条件实现

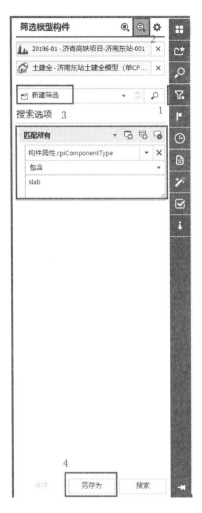

图 10.2-27 保存筛选

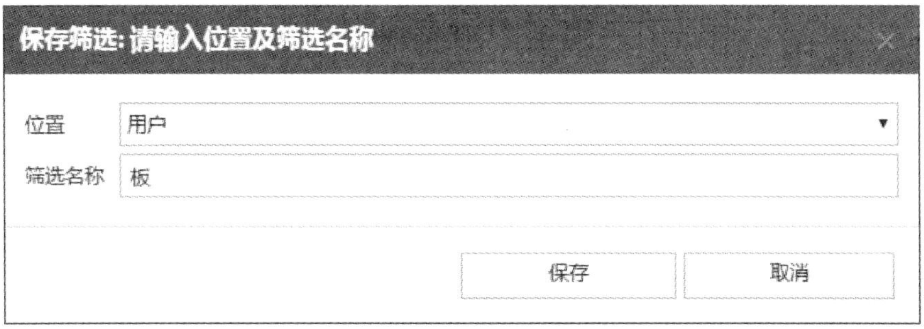

保存筛选: 请输入位置及筛选名称 ✕

位置 用户 ▼

筛选名称 板

保存 取消

图 10.2-28 保存筛选设置

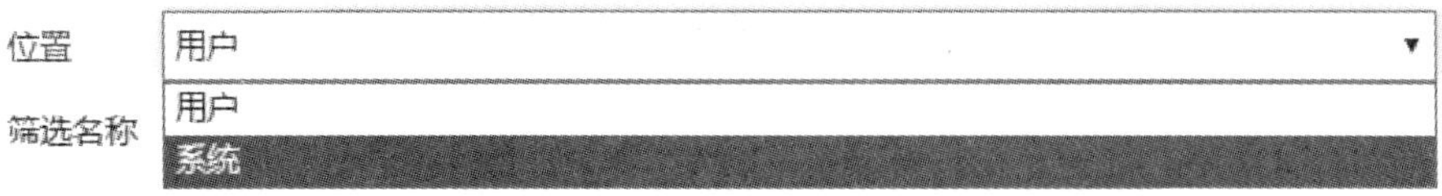

位置 用户 ▼

筛选名称 用户

系统

图 10.2-29 设置筛选级别

图 10.2-30　查看保存的筛选

快速复用。

　　单击侧边栏的【筛选模型构件】 工具，选择【高级搜索】 工具，设定好筛选条件后，点击下方"另存为"按钮，录入筛选名称，即可保存筛选条件。保存的级别分为用户及系统两种，用户级别为仅当前账号可见，系统级别为全用户可见。

　　筛选条件保存后，可在筛选列表内找到，其中 为系统级别， 为用户级别。

　　问题 13：iTWO 4.0 平台无法正常显示项目内容（图 10.2-31）。

　　解答：

　　① 单击平台内【刷新】 工具，刷新界面。

　　② 检查是否误删除或前期操作未成功保存。

　　③ 检查网络连接是否正确。

图 10.2-31　刷新按钮

　　问题 14：5D 虚拟建造时不显示模型。

　　解答：

　　① 在进入 5D 虚拟建造模块之前，先进入【模型】模块，钉选可用于 5D 虚拟建造的模型。

　　② 在进入 5D 虚拟建造或 4D 虚拟建造模块中，在【模拟舱】窗口工具栏的【打开】 工具，在打开的【加载时间线】对话框中，确认进度计划与计价均链接到模型（图 10.2-32）。

　　③ 单击【三维模型视图】的窗口工具栏中的【视图配置】 工具，选择渲染模式为"客户端"，流模式为"加载完整模型"，勾选防止超时（图 10.2-33）。

　　④ 单击【三维模型视图】的窗口工具栏中的【筛选】 工具，选择"显示模拟进度"以及"5D 模拟（默认）"（图 10.2-34）。

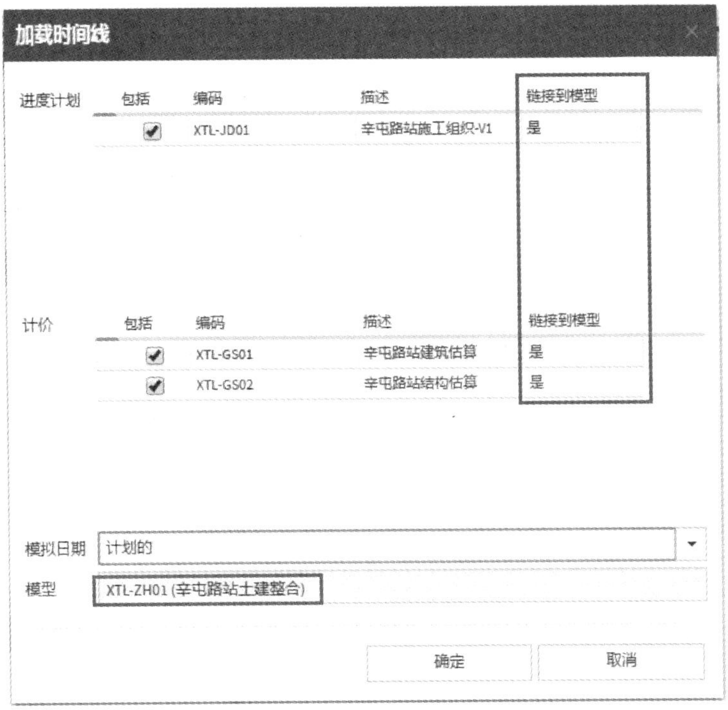

图 10.2-32 加载时间线窗口

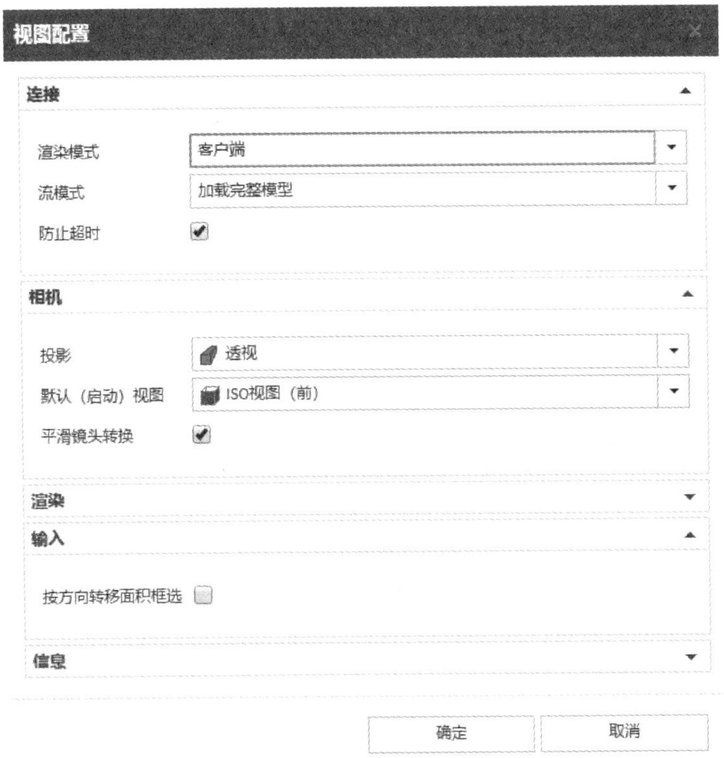

图 10.2-33 视图配置窗口

图 10.2-34　筛选配置

⑤ 在运行 5D 虚拟建造过程中，单击【三维模型视图】的窗口工具栏中的【适合窗口显示】 工具，使模型充满窗口（图 10.2-35、图 10.2-36）。

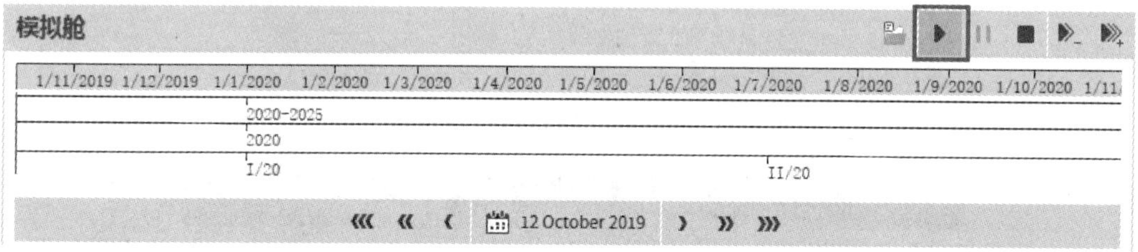

图 10.2-35　"开始"按钮

图 10.2-36　"适合窗口显示"按钮

问题 15：如何快速返回工作区主界面（图 10.2-37）。

解答：点击在任何界面都会显示的 Logo，即可快速返回至工作区主界面。

图 10.2-37　工作区（Logo）按钮

问题 16：项目误删除后如何恢复（图 10.2-38～图 10.2-40）。

解答：在项目误删后，系统数据库并不会删除项目的数据内容，只是将项目停用失效并隐藏。

在侧边栏【搜索】 工具内，勾选包含失效数据，点击搜索，即可重新查看被删除的项目。

找到被删除的项目后，单击选中，点击侧边栏的【向导】 工具，选择启用项目，点击【保存】 工具，刷新浏览器后，项目已恢复，即可正常使用，见图 10.2-39、图 10.2-40。

图 10.2-38 勾选"包含失效数据"后搜索

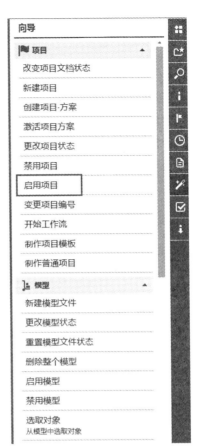

图 10.2-39 "启用项目"选项

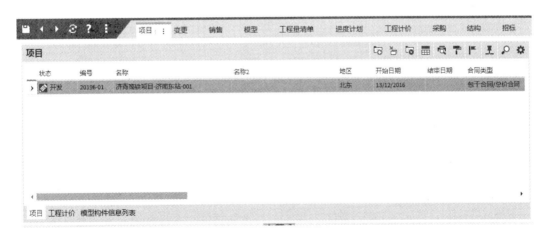

图 10.2-40 "保存项目"按钮

问题 17：实施项目体量大，如何实现多人同时进行算量计价工作。

解答： 拆分算量：当项目体量较大，模型构件多且复杂时，可分专业、多人协同进行算量计价工作。步骤如下：

① 分专业上传模型至平台；

② 分专业建立工程计价以及工程测算主数据；

③ 分专业进行工程量计算与计价工作；

④ 结果汇总至各专业的工程计价内；

⑤ 建立整合模型，整合各专业模型于一体；

⑥ 在一个整合模型中演示 5D 虚拟建造过程。

问题 18：导入进度计划后，进度计划排列顺序发生错乱（图 10.2-41）。

解答： 在编码列，补充施工组织计划中前 9 项内容的编码以 0 为开头。

结构	描述	编码	工程量	单位	计划开始日期	计划完工时间	计划工期
	施工组织计划	010	26.000		31/12/2018	29/10/2020	669
	前期施工、地表迁移、管线迁改、调流	020	1.000	M3	31/12/2018	28/02/2019	60
	施工准备、场地围挡及场地平整	030	1.000	M3	01/03/2019	02/04/2019	33
	车站防护桩施工	040	1.000	M3	03/04/2019	01/07/2019	90
	冠梁及坡顶护栏施工	050	1.000	M3	20/06/2019	03/08/2019	45
	第一层钢支撑施工	060	1.000	M3	20/08/2019	18/09/2019	30
	车站主体明挖土方开挖、边坡支护施工	070	1.000	M3	20/09/2019	18/06/2020	273
	车站主体结构施工	080	13.000	M3	15/10/2019	15/07/2020	275
	A1段	090	1.000	M3	15/10/2019	05/11/2019	22
	A2段	100	1.000	M3	06/11/2019	27/11/2019	22
	A3、B1段	110	1.000	M3	28/11/2019	18/12/2019	21
	A4、B2段	120	1.000	M3	19/12/2019	08/01/2020	21
	A5、B3、C1段	130	1.000	M3	09/01/2020	29/01/2020	21
	A6、B4、C2段	140	1.000	M3	30/01/2020	19/02/2020	21
	A7、B5、C3段	150	1.000	M3	20/02/2020	11/03/2020	21
	A8、B6、C4段	160	1.000	M3	12/03/2020	01/04/2020	21
	A9、B7段	170	1.000	M3	02/04/2020	22/04/2020	21
	A10、B8段	180	1.000	M3	23/04/2020	13/05/2020	21
	A11、B9段	190	1.000	M3	14/05/2020	03/06/2020	21
	A12、B10段	200	1.000	M3	04/06/2020	24/06/2020	21
	A13段	210	1.000	M3	25/06/2020	15/07/2020	21
	车站附属工程及出入口地面结构施工	220	1.000	M3	24/06/2020	01/07/2020	8
	车站主体建筑施工	230	3.000		20/07/2020	14/10/2020	87
	站台层	240	1.000	M3	20/07/2020	07/09/2020	50
	站厅层	250	1.000	M3	20/08/2020	28/09/2020	40
	设备层	260	1.000	M3	20/09/2020	14/10/2020	25
	车站装饰装修	270	3.000		08/09/2020	29/10/2020	52

图 10.2-41　施工组织编码

问题 19：工程子目条目数显示不完全（图 10.2-42）。

解答： 在侧边栏的【搜索】 工具内，打开设置选项，在每页记录条数处输入数字，数字需大于图中蓝框内数字（当前模块内的全部条目数），点击搜索按钮，即可显示所有工程子目条目。

问题 20：如何实现大批量数据的筛选（图 10.2-43、图 10.2-44）。

解答： 在查找规则库中的计算规则、检查模型对比后的结果或者在工程计价模块处理工程子目数据时，往往需要对大量的条目进行选择和分类，建议使用分组命令以及侧边栏

图 10.2-42　搜索设置

内【搜索】工具来快速分类，定位所需的条目。

图 10.2-43　分组工具

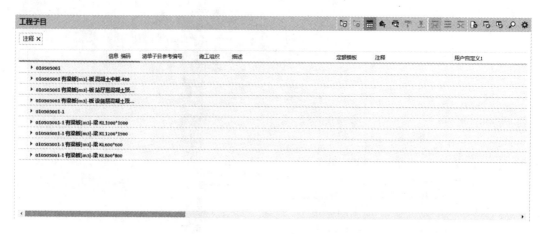

图 10.2-44 以"注释"分组结果

参 考 文 献

［1］ 何关培 . BIM 总论［M］. 北京：中国建筑工业出版社，2011：4-5.

［2］ 何关培 . BIM 总论［M］. 北京：中国建筑工业出版社，2011：17.

［3］ RIB 集团 iTWO 4.0 官网 .

［4］ RIB 集团 iTWO 4.0 官网 .

［5］ 何关培 . BIM 总论［M］. 北京：中国建筑工业出版社，2011：168.

［6］ 葛文兰 . BIM 第二维度——项目不同参与方的 BIM 应用［M］. 北京：中国建筑工业出版社，2011：103.

［7］ 何关培 . BIM 总论［M］. 北京：中国建筑工业出版社，2011：169.

［8］ 危爱元，张文青 . 基于 BIM 技术的建筑施工进度优化研究［J］. 住宅与房地产，2017（36）：153.

［9］ 张利，张希黔，陶全军等 . 虚拟建造技术及其应用展望［J］. 建筑技术，2003(5).

［10］ 葛文兰 . BIM 第二维度——项目不同参与方的 BIM 应用［M］. 北京：中国建筑工业出版社，2011：117.

［11］ 葛文兰 . BIM 第二维度——项目不同参与方的 BIM 应用［M］. 北京：中国建筑工业出版社，2011：117.

［12］ 袁媛，梁爽，金小瑞等 . 论装配式建筑及其影响［J］. 智能城市，2016(11).

［13］ RIB 集团 iTWO 4.0 官网 .

［14］ RIB 集团 MTWO 官网介绍 .